뷰티 일러스트레이션
makeup Beauty

저자 임 여 경

光文閣
www.kwangmoonkag.co.kr

머리말

21세기의 미용은 기술이라는 개념에서 벗어나 예술의 경지로 한층 격상된 자리에 올라서 있다. 단순히 손을 이용한 기술이 아닌 아름다움을 추구하고 창조하여 예술로 승화시키는 작업으로 다양화가 시도되고 있으며, 그중 뷰티 일러스트레이션은 인체 중에서 두상을 중심으로 헤어와 메이크업을 표현하는 새로운 분야로 태어나고 있다. 특히 기술에 미술을 접목하여 대중과의 커뮤니케이션, 즉 고객과의 디자인 상담 시 디자이너가 고객의 메이크업이나 헤어 스타일의 구상을 간단하고 정확하게 스케치해 보여줌으로써 그 어떤 설명보다 확실한 전달 수단이 되기도 하며, 창의성과 조형 감각 능력 배양에 기여, 창조적인 디자이너 양성에 기초적 요인이 되는 데 있다.

이에 부응하여 뷰티 헤어 일러스트레이션은 헤어 디자인, 헤어 컬러링, 메이크업, 네일 아트 등 미용 전반에 걸쳐 시술이나 창작에 임했을 때 기초가 되며, 미적 감각을 일깨워 주는데 없어서는 안 될 중요한 지침이 되는 분야라 할 수 있다.

그동안 미용 분야의 디자이너와 의상 분야의 디자이너들은 대부분 미술에 대한 기초가 탄탄하지 못하여 막연히 접근하기 어렵고 두려운 분야로 생각하는 경향이 있었는데, 미용인으로서 가장 중요한 미술 교육을 쉽고 빠르게 접근시키기 위해 오랜 산고 끝에 이 지침서를 마련하게 되었다. 아쉬움이 많지만 계속적인 고민과 연구를 거듭하여 더 나은 결과물을 보여 드리기 위한 노력은 계속될 것이다. 스케치북에 메이크업과 헤어 일러스트레이션을 충분히 익히고 연습한 후 시술에 임하게 된다면, 고갈되지 않는 창의력으로 적응도와 응용력이 뛰어난 미용 예술인이 되리라 생각한다. 끝으로 이 책의 출간에 애써 주신 광문각출판사 박정태 사장님께 고마움을 전한다.

2011년 2월

저자 씀

BEAUTY ILLUSTRATION

Contents

1. 명도 단계 표현하기

명도란 색의 밝기를 나타내는 척도이다. 11단계 명암의 기본을 직접 표현해 본다면 패턴 작업이나 메이크업 시술 시 많이 쓰이는 기법인 그라데이션을 익히는 기초가 되며, 실전에 도움이 되는 매우 중요한 부분이다. 밝을수록 명도가 높고 어두울수록 명도가 낮으며, 실제로 완전한 흰색과 검정은 얻을 수 없는 색이다.

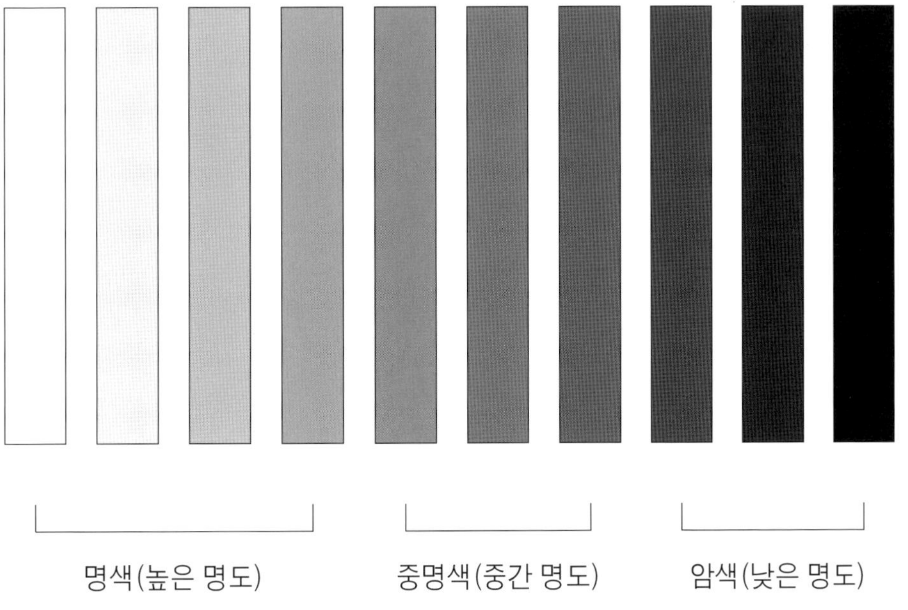

2. 선 표현의 여러 가지 방법

1) 선긋기

연필로 선을 그어가다 보면 다양한 표현을 접할 수 있을 것이다. 연필을 손에 쥐고 힘을 이용하여 강한 선과 중간, 그리고 약하고 옅은 선 등의 연습을 통해 연필만으로도 강도에 의해 다양한 표현이 가능하다는 것을 경험하게 될 것이다. 가로, 세로를 교차시켜 가면서 충분한 연습을 하도록 한다. 단, 선 연습 시에는 자를 사용하면 안 된다.

3. 선의 강약 표현 연습

연필을 사용하여 점점 강하게, 점점 약하게 그리기를 반복하고, 그 선들의 연결이 자연스럽게 이어질 수 있도록 충분한 연습을 한다.

4. 웨이브 표현하기

빛이 들어오는 방향을 정한 후 빛이 들어오는 쪽은 힘을 빼주어 밝게 표현한다. 그 반대 방향인 어두운 쪽은 서서히 힘을 강하게 주어 점점 진하게 보이도록 하여 선들의 어둡고 밝음 연결이 자연스러워야 한다.

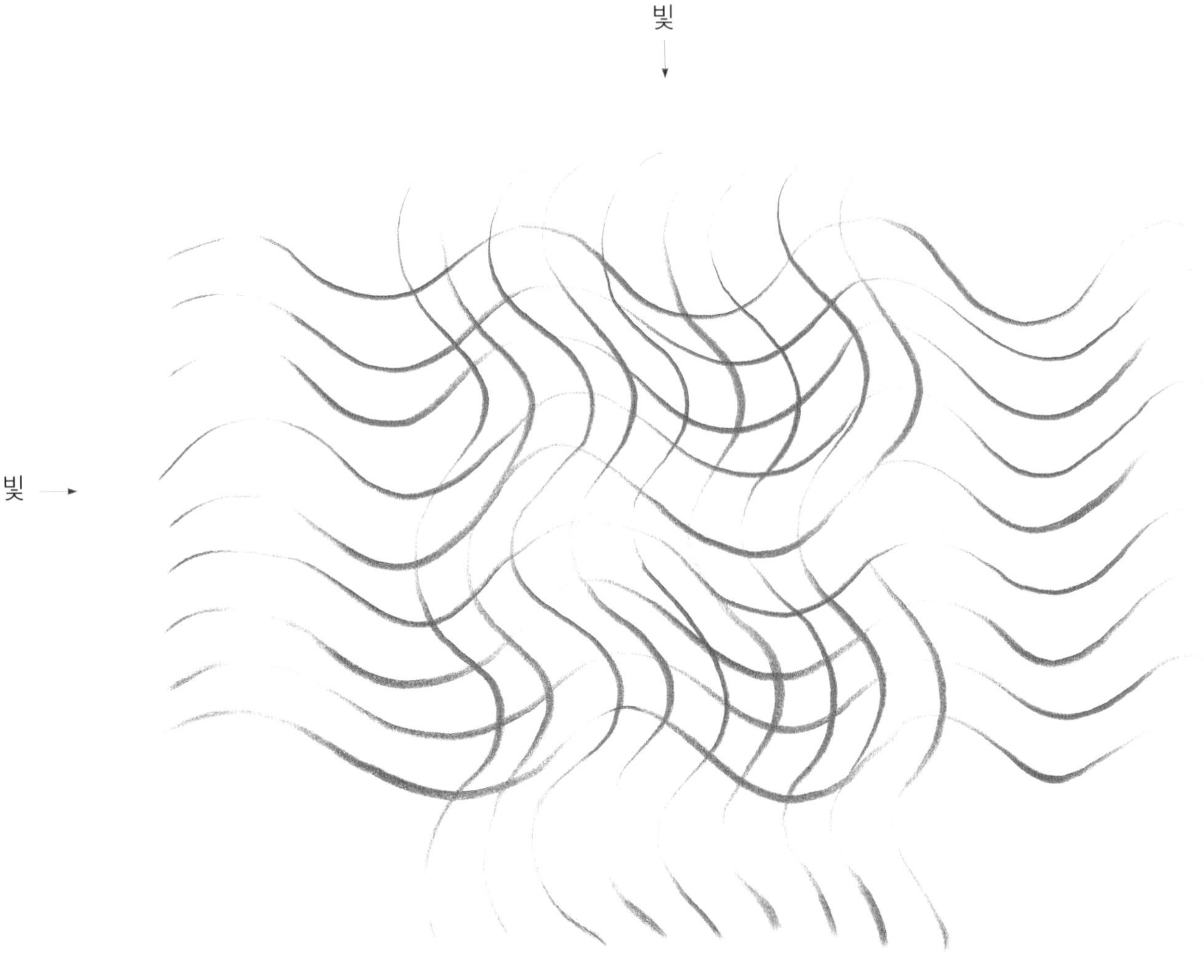

5. 여러 형태의 머리카락

머리카락을 입체감 있게 사실적으로 표현하려면, 밝고 어두운 부분을 잘 파악한 후 그려주는 것이 중요하다.

1) 통 모양 그리기

빛의 방향에 따라 명암이 달라지므로 명암의 위치를 잘 파악한 후 표현해야 되며, 굴리는 선이 처음부터 끝까지 일정하게 표현되어야 한다.

빛의 방향

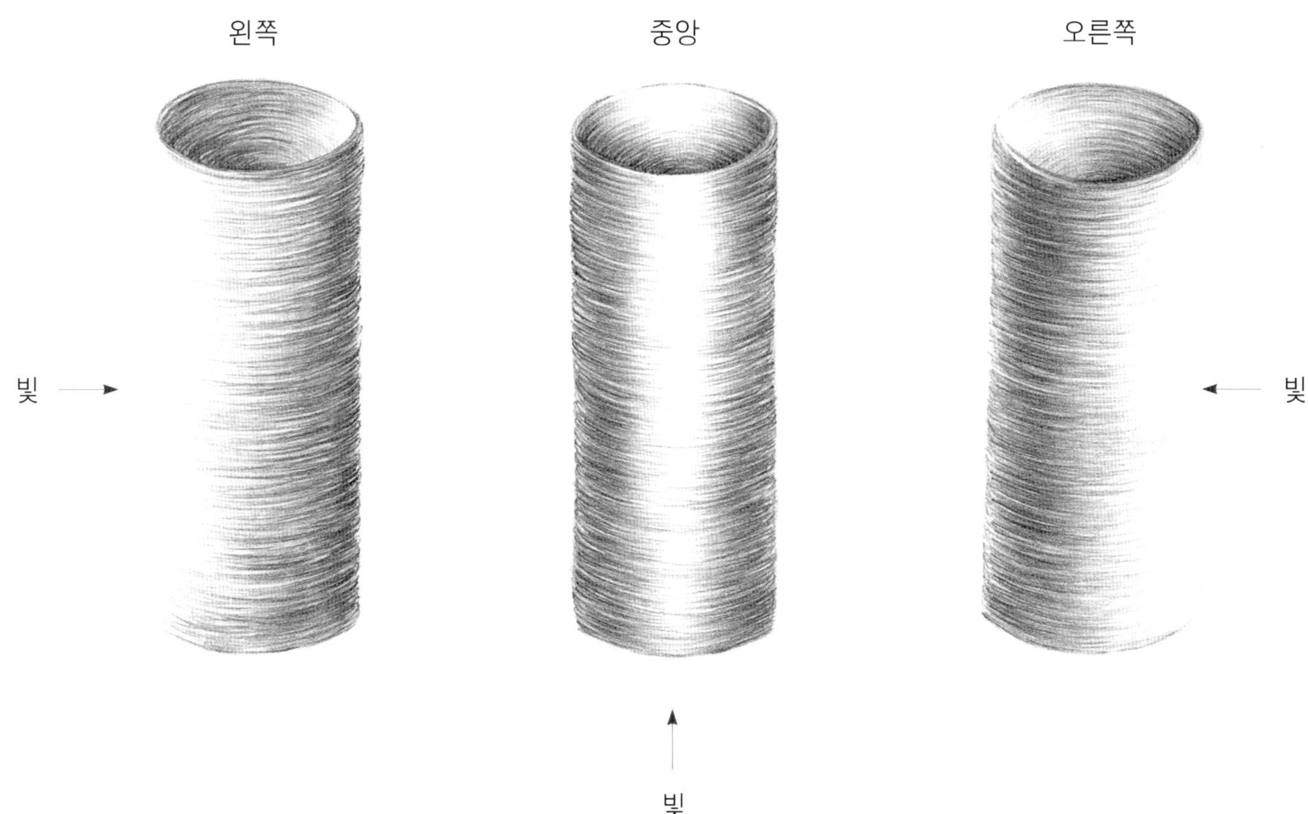

6. 꼬인 머리 그리기

꼬인 머리 또한 통 모양과 같은 방법이다. 빛이 들어오는 부분과 가려지는 부분을 잘 확인해야 한다. 이때 쉬운 접근 방법은 가장 밝은 부분과 가장 어두운 부분을 먼저 찾아본 후 그려나가면 표현에 도움이 된다.

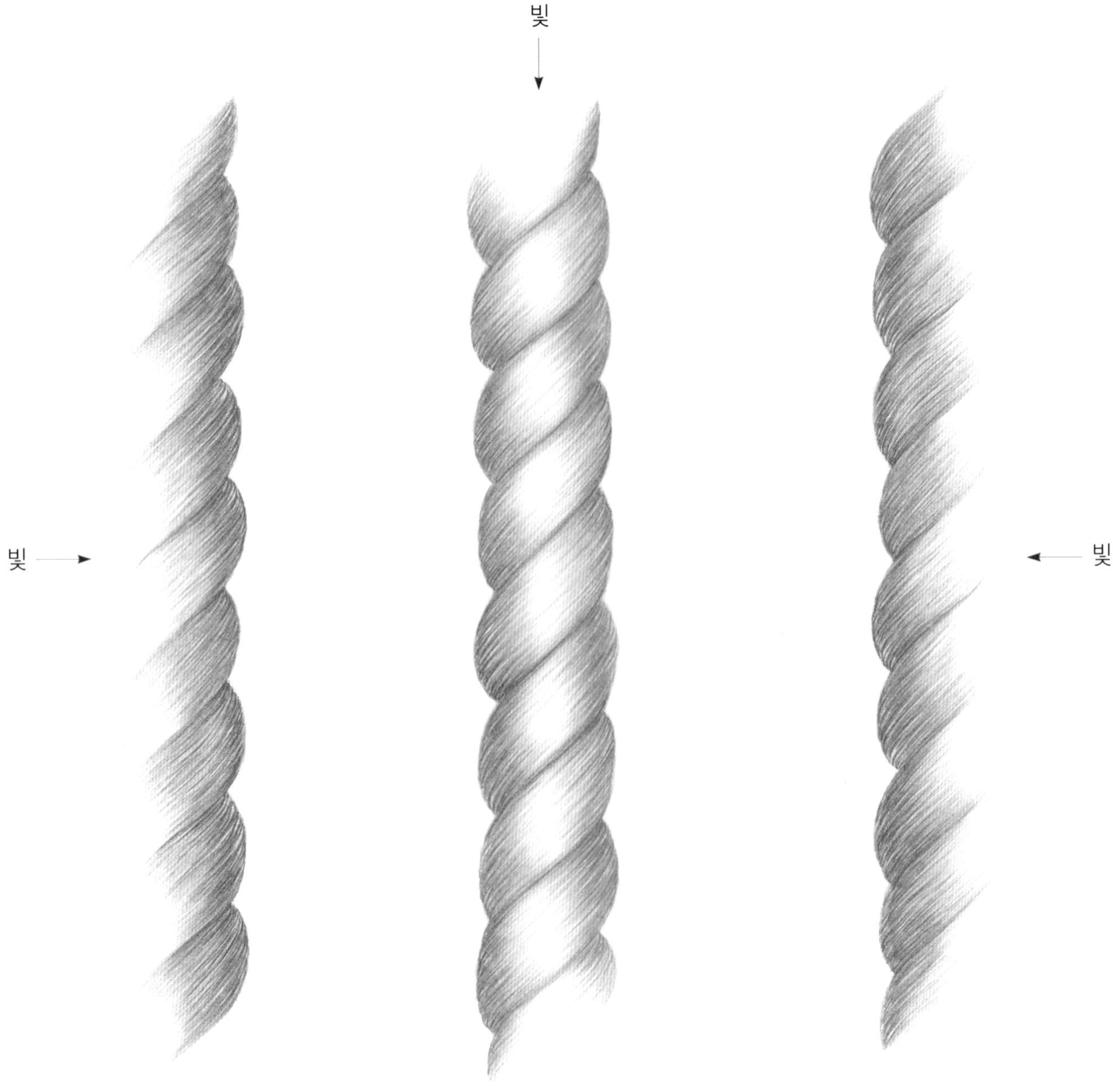

왼쪽 중앙 오른쪽

7. 땋은 머리카락 그리기

표현 기법은 앞에서 그려본 그림과 동일하다. 머리카락이 만나는 부분은 가장 어둡게 표현해 주고, 빛이 들어오는 부분은 가장 밝게 하되 가장 어두운 곳과 밝은 부분 사이의 중간을 잘 표현해 주어야 한다. 특히 머리카락 하나하나의 표현은 가는 선을 이용하여야 효과적이다.

8. 나선형 컬 그리기

나선형 컬 표현은 휘어지는 부분의 명암 표현이 중요하다. 꺾이는 부분을 어둡고 강하게 표현해 주어야 확실한 효과를 볼 수 있으며, 가늘고 뾰족한 선을 사용하여 머리카락 한 올 한 올의 느낌이 느껴지는 그림이 될 수 있게 한다.

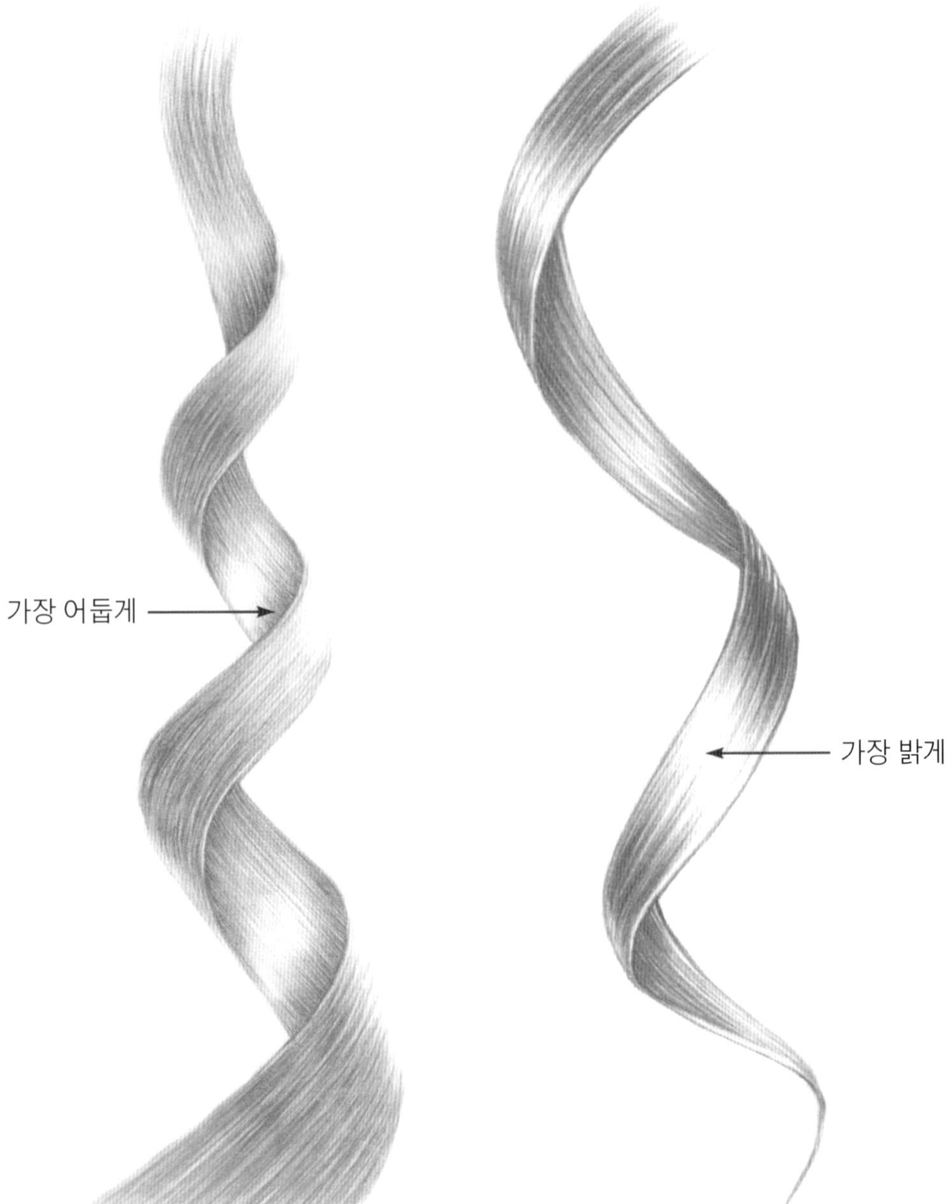

9. 얼굴 부분 세부 묘사

1. 눈썹과 눈그리는 방법(정면)

눈은 얼굴에서 가장 중요한 부분이다.

각도와 선의 표현에 따라 가장 민감하게 얼굴의 분위기를 좌우한다. 그러므로 가능한 한 섬세하고 정확하게 표현하여 아름다운 완성이 되도록 한다.

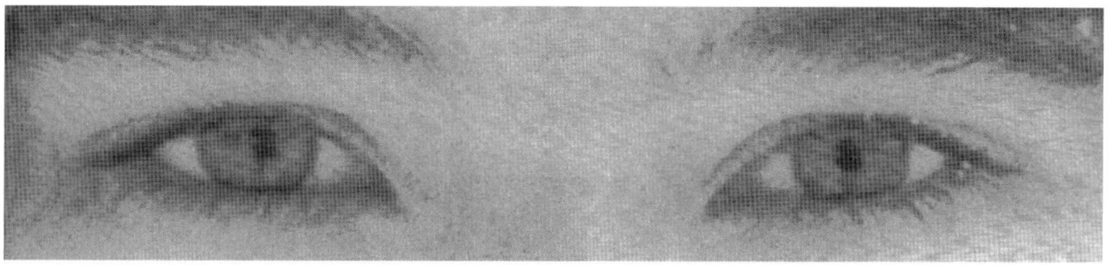

1) 눈과 눈썹의 전체 윤곽을 그려준다

눈썹을 먼저 그려준 다음 눈썹 꼬리가 눈썹 머리보다 내려오지 않도록 한다. 눈썹의 어느 부위에 눈의 시작과 끝이 만나는지 위치를 정한 후 그려준다면 눈이 크게 그려진다거나 작게 그려지는 실수를 하지 않게 된다.

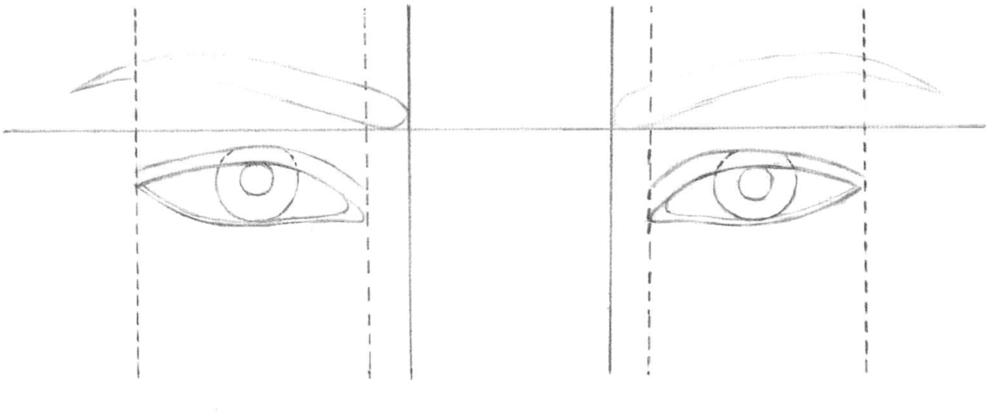

2) 눈썹은 눈썹이 자란 방향을 잘보고 드문드문 그려준다

눈동자의 위치는 둥글게 다 보이는 것이 아니라 1/3이 숨겨져 있어야 자연스럽다.

3) 드문드문 그려진 눈썹 사이사이를 채워준다

눈썹의 형태, 방향 등을 주의하여 그려나간다.

4) 아이섀도는 눈썹 끝을 향해 그라데이션 하여 안개가 사라지듯이 끝 부분을 자연스럽게 마무리해야 한다.

이때 초보자는 그라데이션에 실패하기 쉬우므로 연필 사용 시 옅은 심(HB)을 이용하여 그려준 다음 진한 심(4B)으로 마무리해 주면 안전하다. 아이라이너는 가장 진하게 표현해 주어야 눈이 생기있게 표현되며, 속눈썹은 눈의 모든 표현을 끝낸 후 마지막에 검고 풍성하게 그려주어 입체감 있는 표현을 살려준다. 그림을 그려나갈 때 주위 사람들의 모습을 관찰해 보면서 그린다면 많은 도움이 될 것이다.

2. 눈썹과 눈 그리는 방법(측면)

비스듬한 면은 얼굴 중 가장 어려운 부분이기도 하다. 비스듬한 면은 눈의 라인을 약간 각지게 그려주는 것이 중요하다. 특히 조금 보이는 눈쪽의 표현은 각도가 매우 중요하므로 잘 관찰하여 눈동자 표현 시에도 위치를 잘 파악한 후 그려준다면 아름다운 표현이 될 것이다.

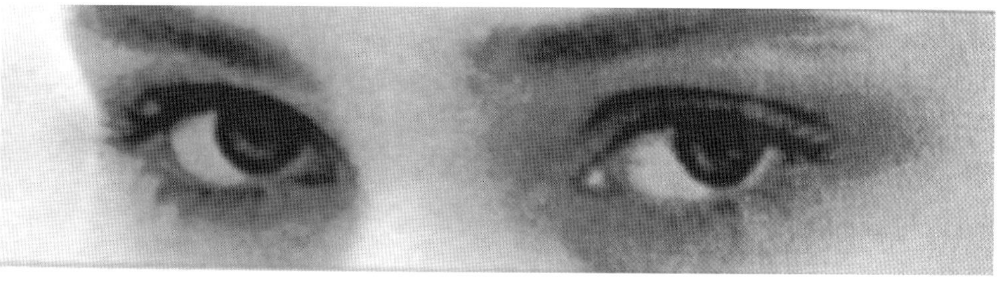

1) 정면처럼 눈썹을 먼저 그려주고 그와 비례해서 눈을 그려주면 안전하다.

세부 표현 방법은 정면과 동일하다.

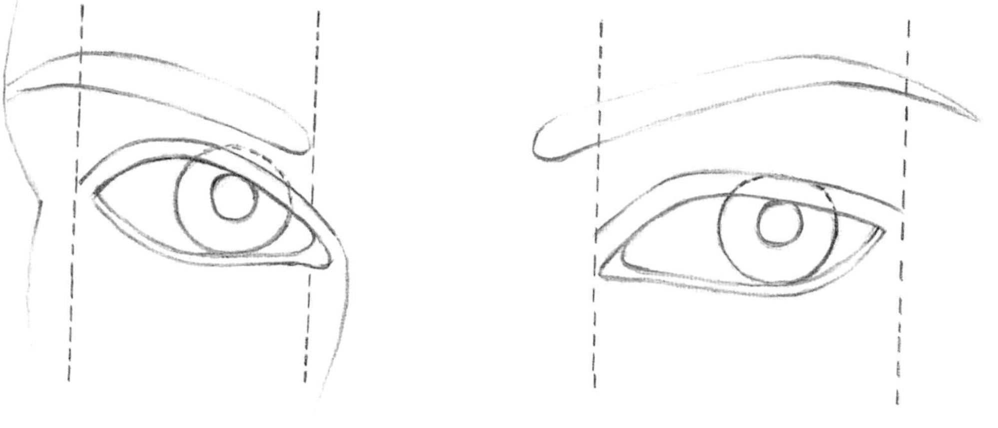

2) 가이드 라인을 지운 후 섬세하게 그려나간다.

눈썹은 방향을 잘보고 표현해야 한다. 눈은 오른쪽과 왼쪽의 높이, 넓이를 비교하면서 그려야 짝짝이 눈이 되지 않는다.

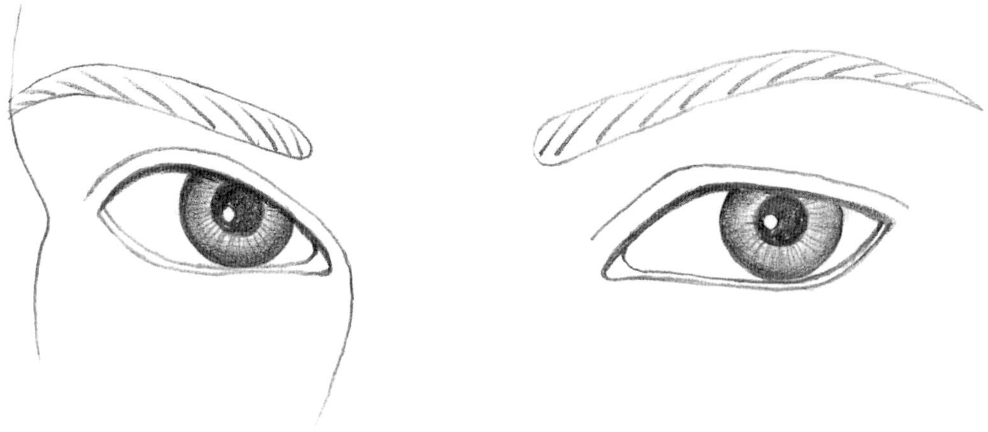

2) 눈썹은 촘촘하게, 그라데이션은 섬세하게, 속눈썹은 풍성하게 표현하면서 마무리한다.

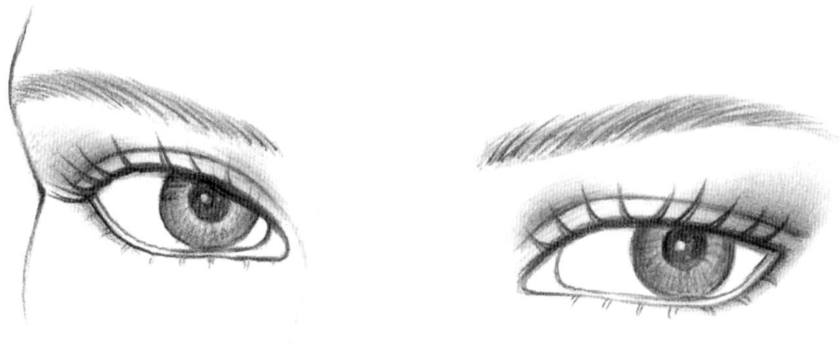

3. 눈과 눈썹 그리기(옆 모습)

① 위의 눈꺼풀과 아랫눈꺼풀을 비교하면서 그려준다. 위보다 아래쪽이 들어가 있다.

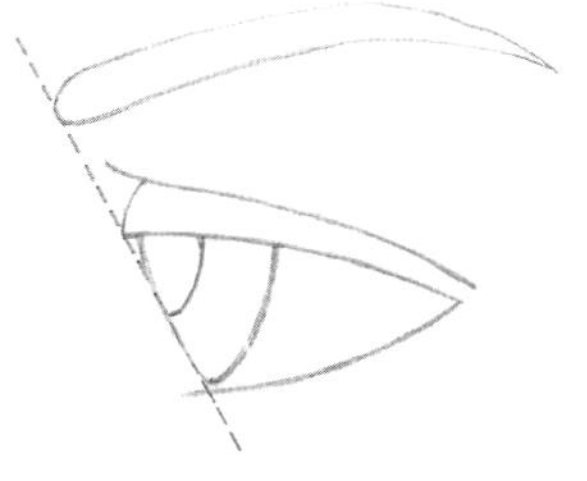

② 눈썹 길이는 정면보다 약간 짧지만 눈동자는 1/2 정도만 보인다.

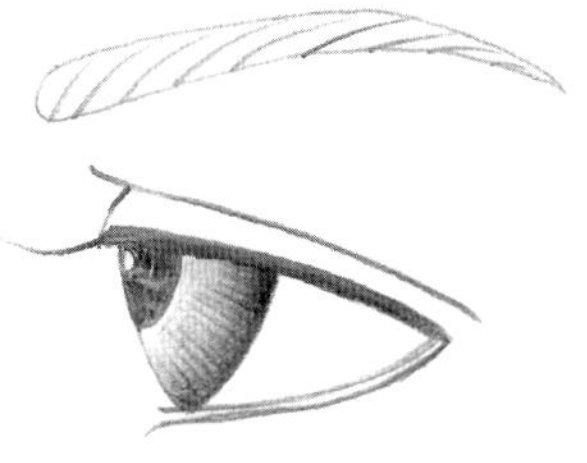

③ 눈썹은 촘촘하게 아이라인과 동공은 진하게 그려주고, 속눈썹은 정면에 비하여 동공을 좀 더 가리는 모습이다.

④ 정면에 비하면 1/2 정도의 크기가 된다. 여기서도 눈썹을 먼저 그려준 다음, 눈동자 앞 부분의 각도를 잘 표현해 주는 것이 중요하다.

10. 코 그리기

1. 정면 방향

정면 방향은 좌우 대칭이 중요하다. 콧방울을 그릴 때 자칫 코가 납작하게 보일 수 있으므로 윗부분을 아래 보다 약간 넉넉한 느낌으로 그려주어야 균형잡힌 코의 모양이 된다. 콧구멍은 중요하지 않아 보일 수 있지만, 조금 낮거나 조금 높아도 느낌의 폭이 큰 부분이다.

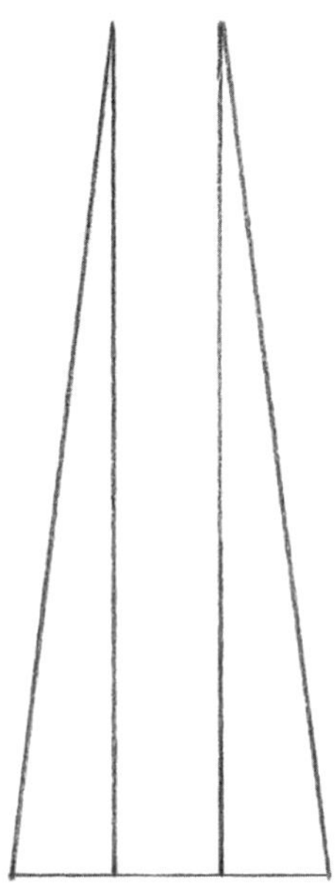

①가이드 라인을 연하게 그려준다. (형태를 잡은 후 지워야 하니까)

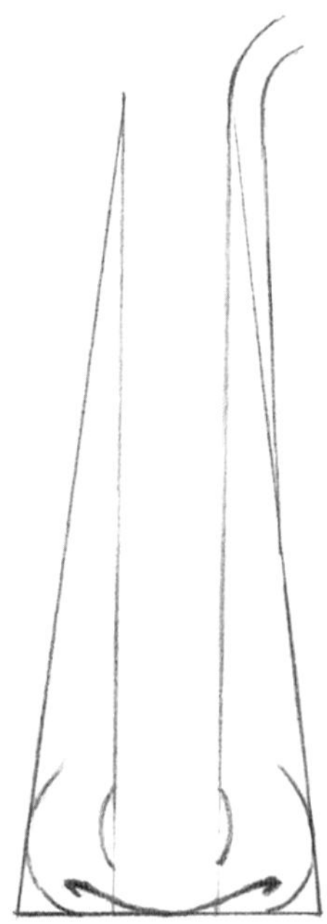

② 첫 번째 콧대는 안쪽 선과 두 번째 선은 바깥 선과 만나면 무난하다.

③ 콧방울의 위쪽은 약간 벌려주고 선은 연하게 그려준다. 콧구멍 쪽은 약간 오므리면서 진하게 표현한다.

2. 코 옆 방향 그리기

콧방울과 코끝을 둥글게 그려준다. 코끝에서 인중까지의 깊이를 잘 관찰하여 그려주어야 예쁜 코로 완성될 수 있다.

특히 옆 방향은 각도에 민감하다.

명암 처리는 정면처럼 옅은 심으로 조심스럽게 처리하여 마무리해 준다.

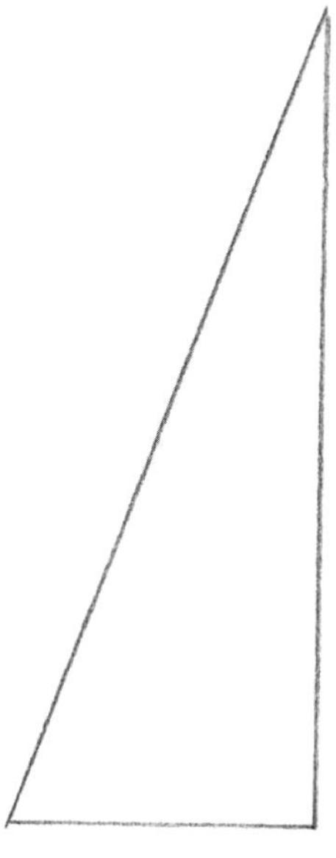

① 가이드 라인을 그려준다.

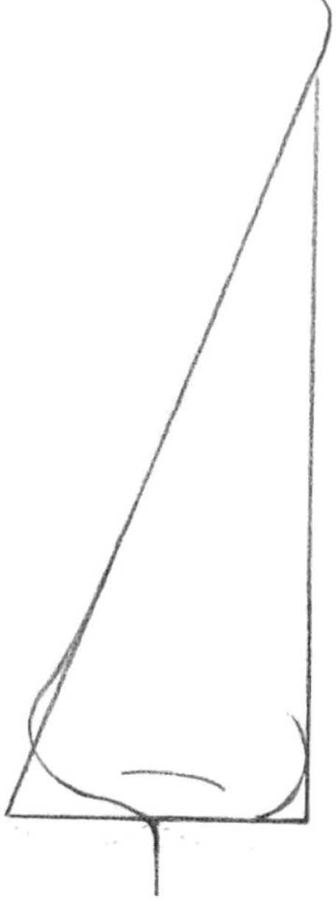

② 콧방울 모양과 코끝을 그려준다.

③ 가이드 라인을 지운 후 명암 표현을 하여 조화롭게 완성한다.

11. 입술 그리기

1. 정면 입술

정면 입술은 중심선에서 좌우 대칭이 중요하다. 입술은 윗입술보다 아랫입술을 두껍게 그려주어야 하며, 아랫입술 중앙이 뾰족해지지 않게 주의하여 넓게 그려준 다음 입술 끝 부분과 연결하면 자연스런 입술이 된다. 입술과 입술 사이는 진하게 표현하여 분리감을 주어야 한다.

형태를 그린 후 명암 표현을 잘해 주어야 한다. 입술 라인은 립라이너를 그리듯 선을 그려준 다음 어둡게 색칠하여 중앙으로 오면서 차츰 밝게 그라데이션 볼륨감이 느껴지게 해준다.

① 입술 그리기 적당한 길이의 가로 선을 그린 후 중앙 지점에 점을 찍어 표시한다.

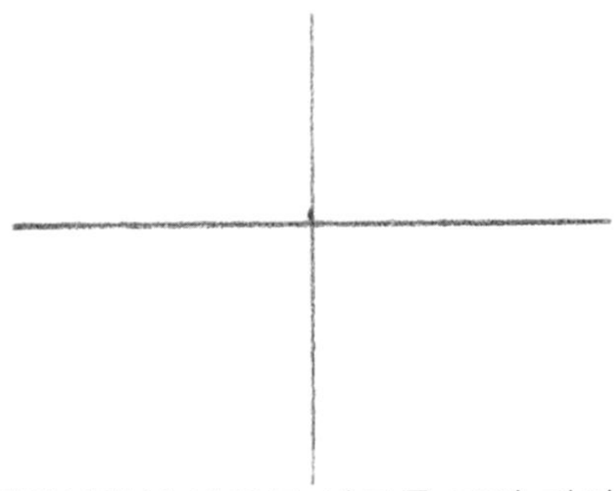

② 중앙선에서 좌우로 세로를 그어 가이드 라인을 잡아준다.

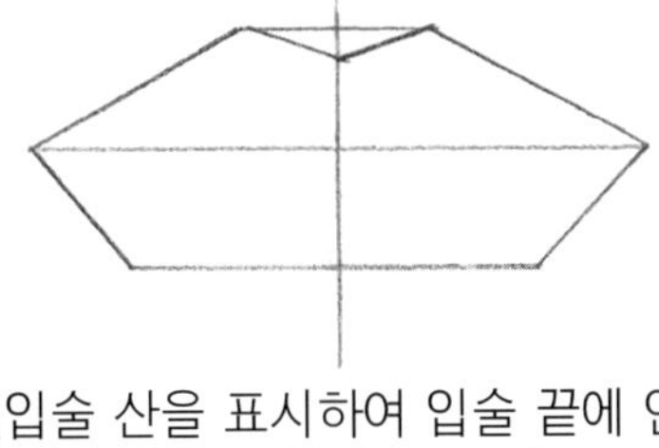

③ 윗입술 산을 표시하여 입술 끝에 연결한 후 아랫입술은 윗입술보다 넓게 정하고 끝과 연결한다.

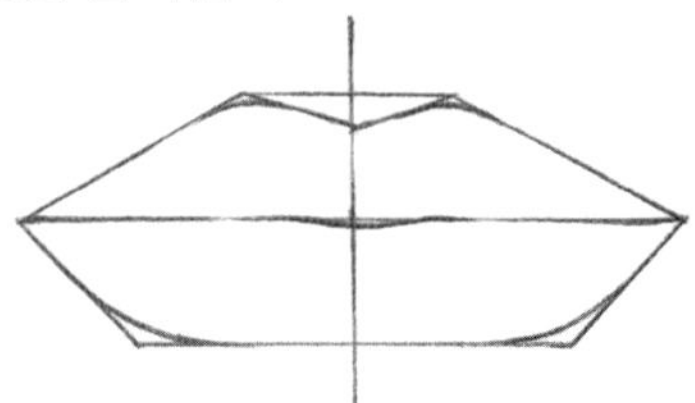

④ 각진 부분을 둥글게 굴려준다.

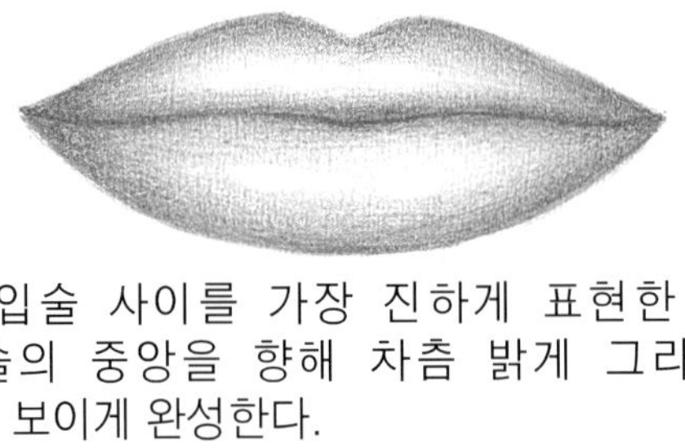

⑤ 입술과 입술 사이를 가장 진하게 표현한 후 윗입술, 아랫입술의 중앙을 향해 차츰 밝게 그라데이션하여 볼륨감이 보이게 완성한다.

2. 입술 그리기(비스듬한 입술)

비스듬한 입술은 가리는 쪽은 4, 보이는 쪽은 6으로 하여 4 : 6의 형태를 잡아주고 정면과 같은 방법으로 명암을 잘 표현하여 준다.

① 가로 선을 그려주고 4 : 6 지점을 표시해 둔다.

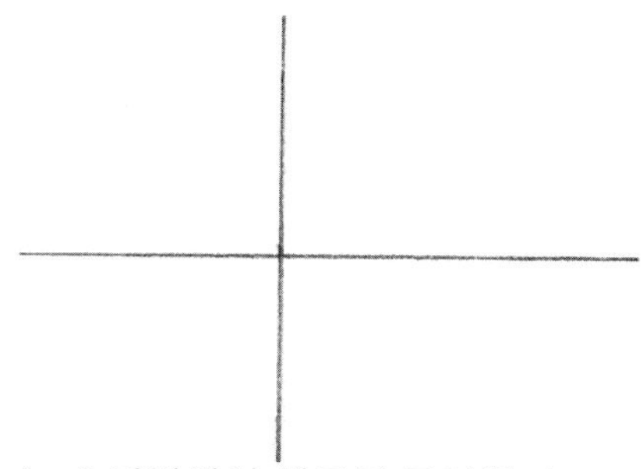

② 4 : 6 지점에서 세로를 그어준다.

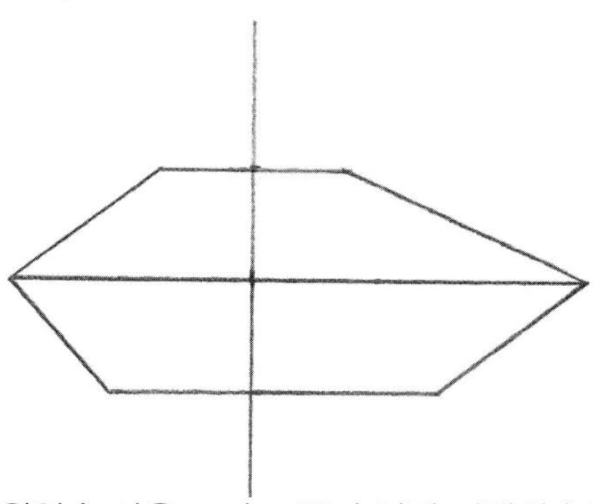

③ 윗입술 산을 그리고 끝과 연결 아랫입술을 입술산보다 약간 넓게 정한 후 끝과 연결한다.

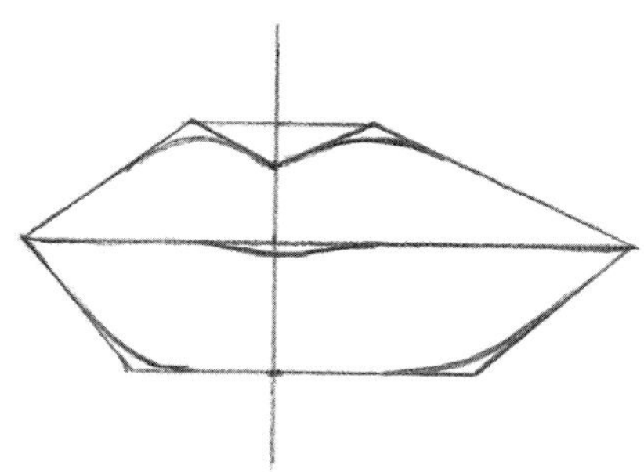

④ 각진 부분을 둥글게 그려준다.

⑤ 입술과 입술 사이를 진하게 하고 입술 중앙으로 가면서 차츰 밝게 그라데이션하여 완성한다.

3. 입술 그리기(옆 방향)

윗입술과 아랫입술은 돌출이 다르다. 아랫입술이 조금 더 들어가게 표현하여야 한다. 마무리는 정면과 같은 방법으로 하고 입술과 입술 사이는 진하게 입술 중앙은 하이라이트 처리 후 마무리해 준다.

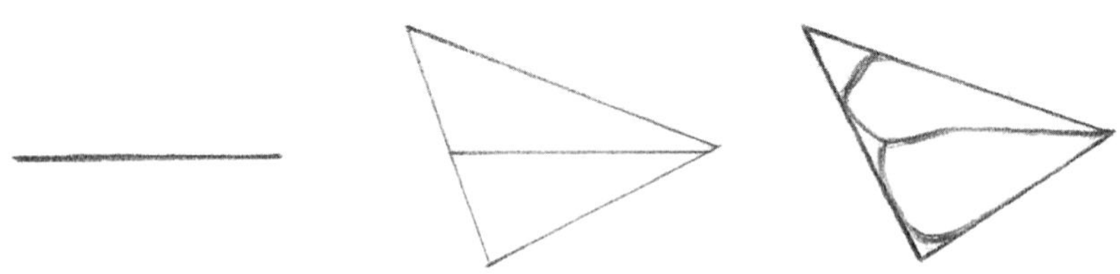

① 가이드 라인을 그려준다. ② 사선으로 연결한다. ③ 각진 부분은 굴려준다.

④ 입술과 입술 사이를 진하게 하고 중앙으로 그라데이션 하여 하이라이트 처리 후 마무리한다.

12. 얼굴 그리기 여성(정면)

그동안 부분적으로 그려본 눈, 코, 입술을 얼굴의 제 위치에 그려본다.

선을 그어 칸을 만든 다음 눈, 코, 입의 위치를 확인하여 형태를 잡아준 후 앞 장에서 연습한 대로 정성스럽고 섬세하게 표현한다면 아름다운 완성이 될 것이다.

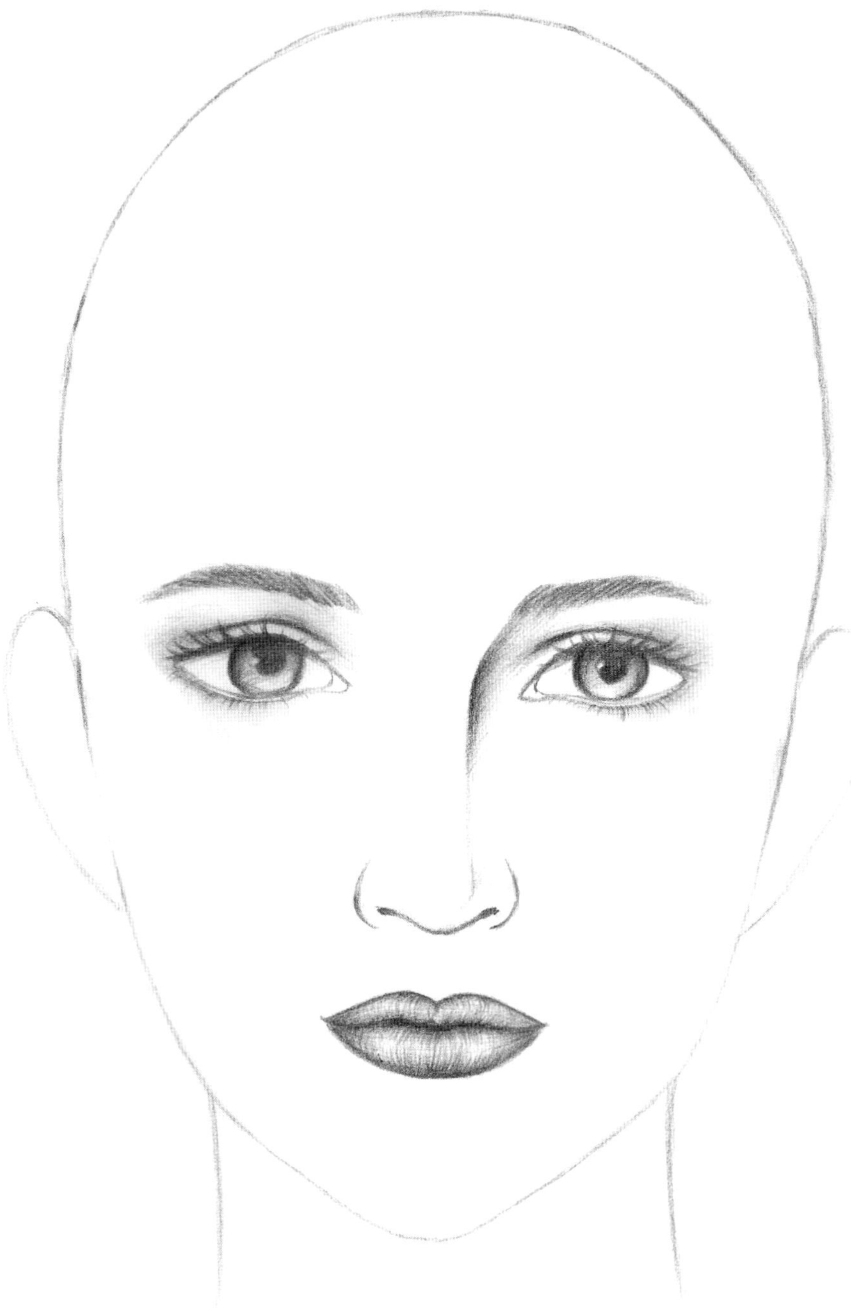

1. 얼굴형 그리기

① 그리려고 하는 사진이나 잡지의 얼굴을 사각형 안에 넣어준 다음 가로, 세로 모두 4등분으로 나누어준다.(얼굴의 크기에 따라 적당한 등분을 해주면 된다.)

② 스케치북에 세로, 즉 얼굴 길이를 임의로 정하여 모델과 같은 칸인 4칸으로 나누어준다.

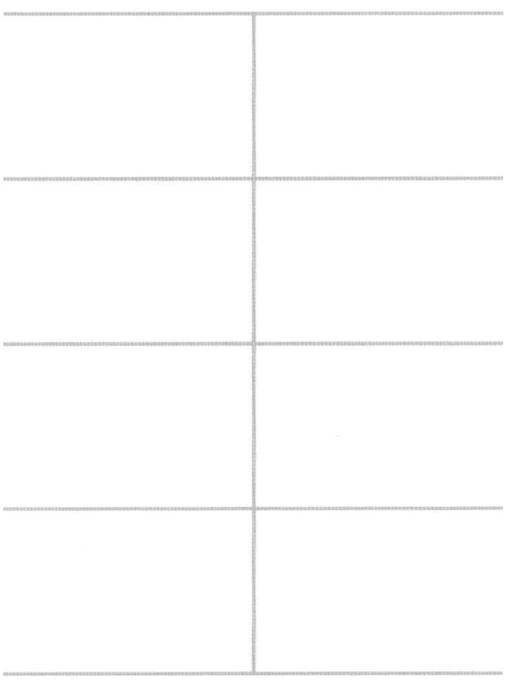

③ 길이를 4등분한 후 스케치북의 중앙선을 찾아 그어준다. (얼굴이 중앙에 그려질 수 있도록)

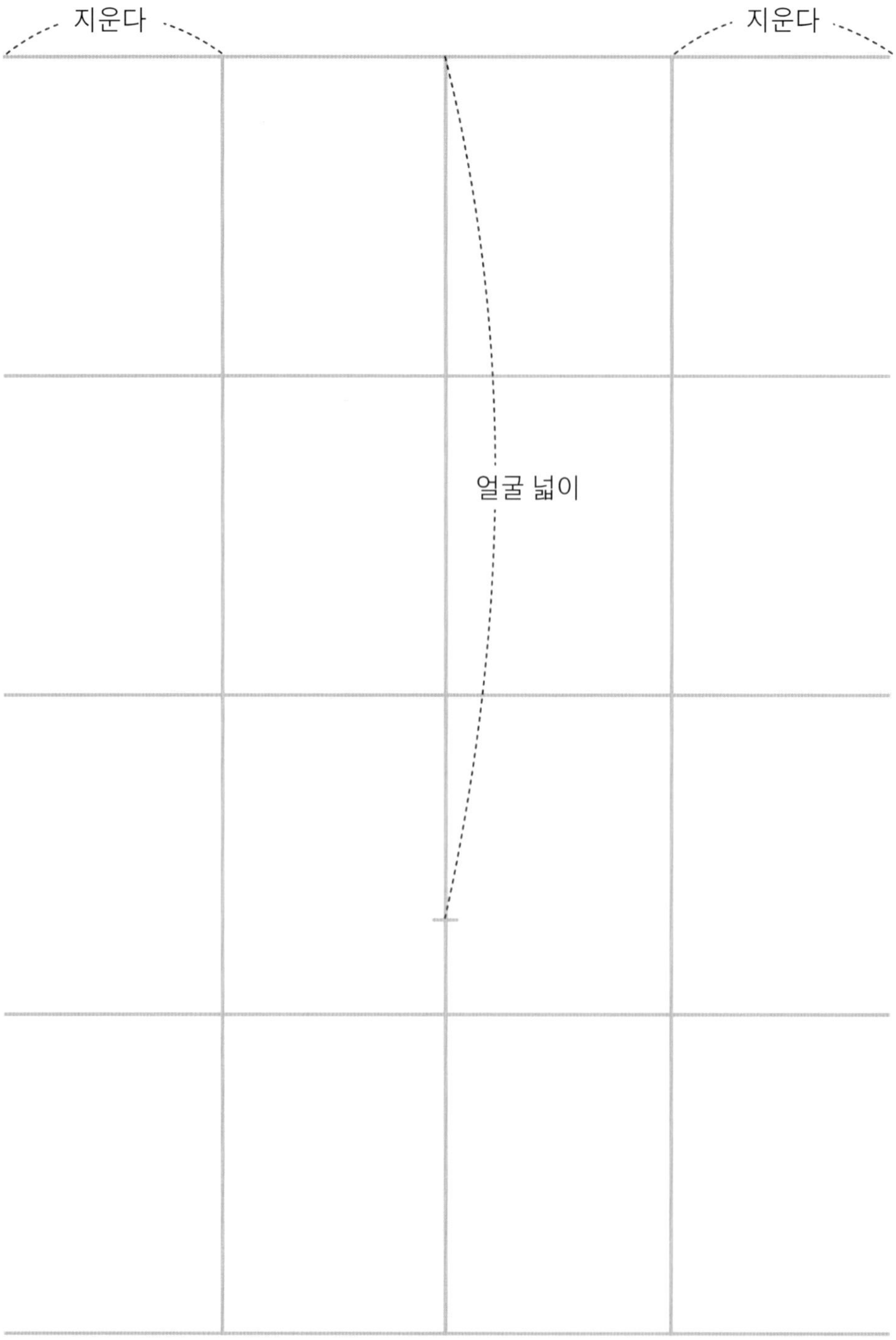

④ 스케치북의 얼굴 넓이를 찾으려면 다시 모델 얼굴로 가 가로를 재서 길이에 점을 찍은 후 몇째 칸에 찍혔나 보고, 스케치북의 똑같은 칸의 똑같은 위치에 점을 찍어준 다음, 그 길이를 재면 스케치북의 얼굴 넓이가 된다. 그 넓이를 2로 나누어 스케치북 중앙에서 오른쪽으로 1/2, 왼쪽으로 1/2 표시하여 연결하면 정확한 얼굴이 찾아진다.

⑤ 필요없는 부분을 지운 다음 책과 같은 개수의 칸을 그려준다.

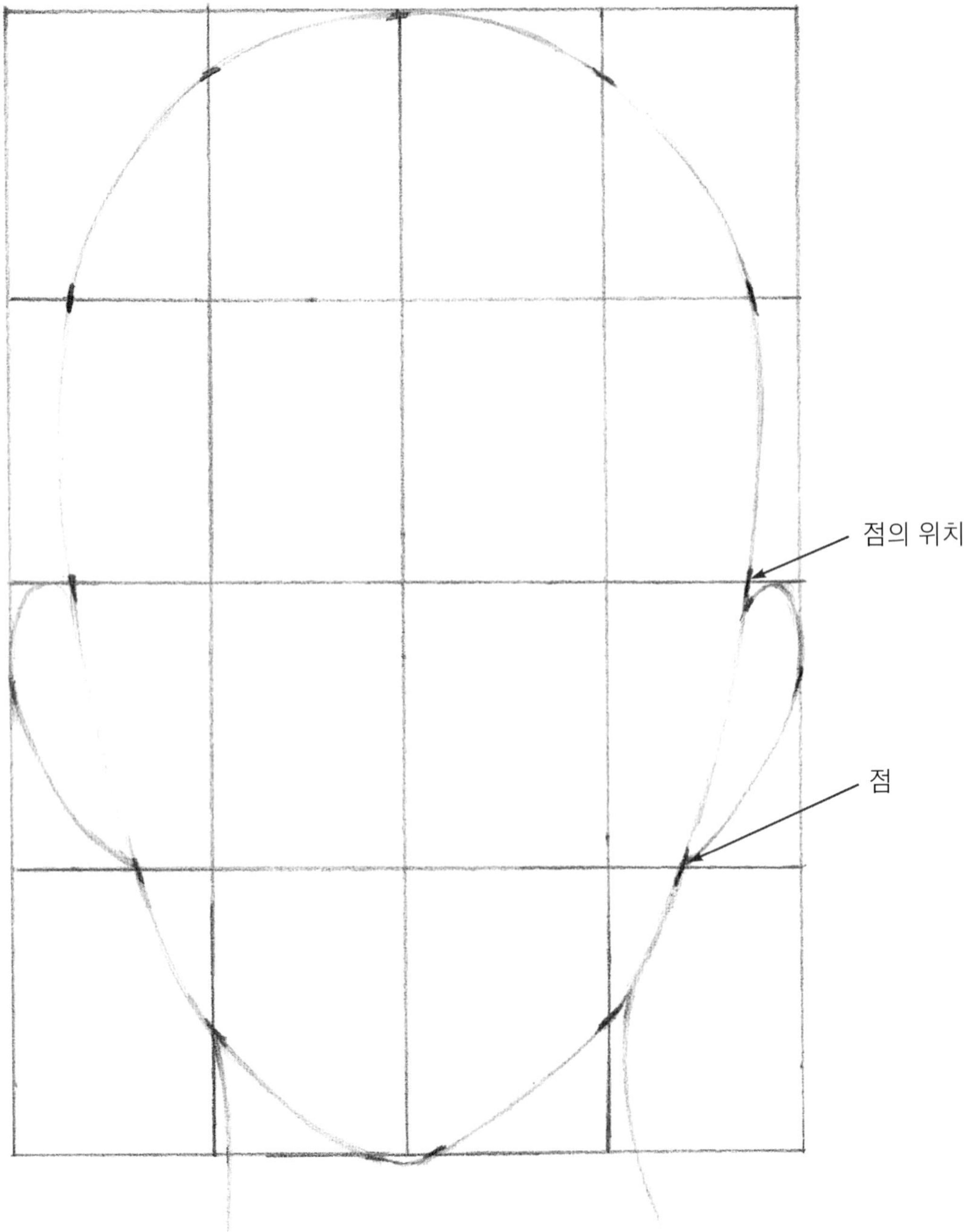

⑥ 모델의 얼굴을 보면서 일치되는 칸에 점을 찍어놓고 연결하면 쉽게 얼굴형을 그릴 수 있다.

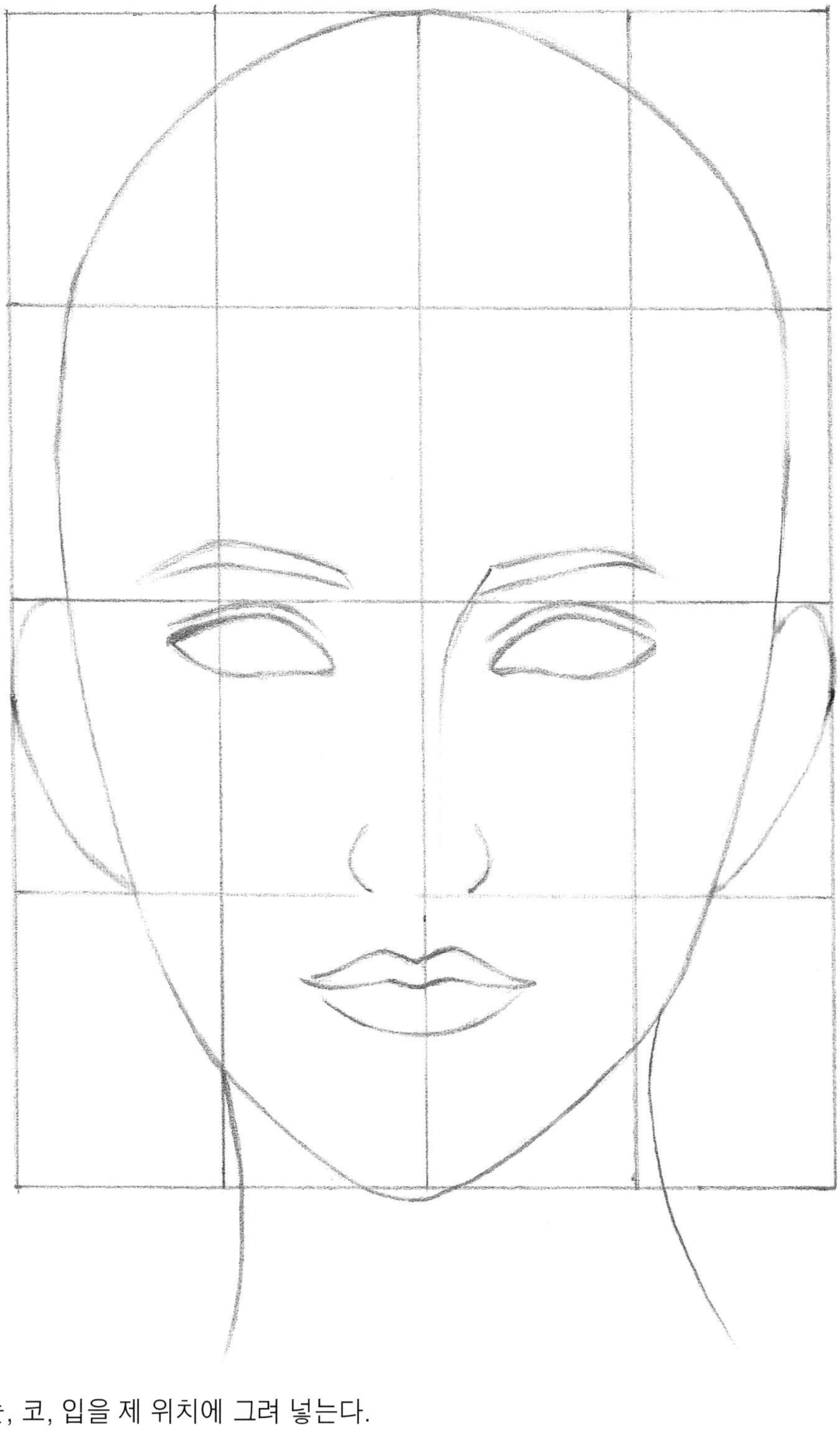

⑦ 눈, 코, 입을 제 위치에 그려 넣는다.

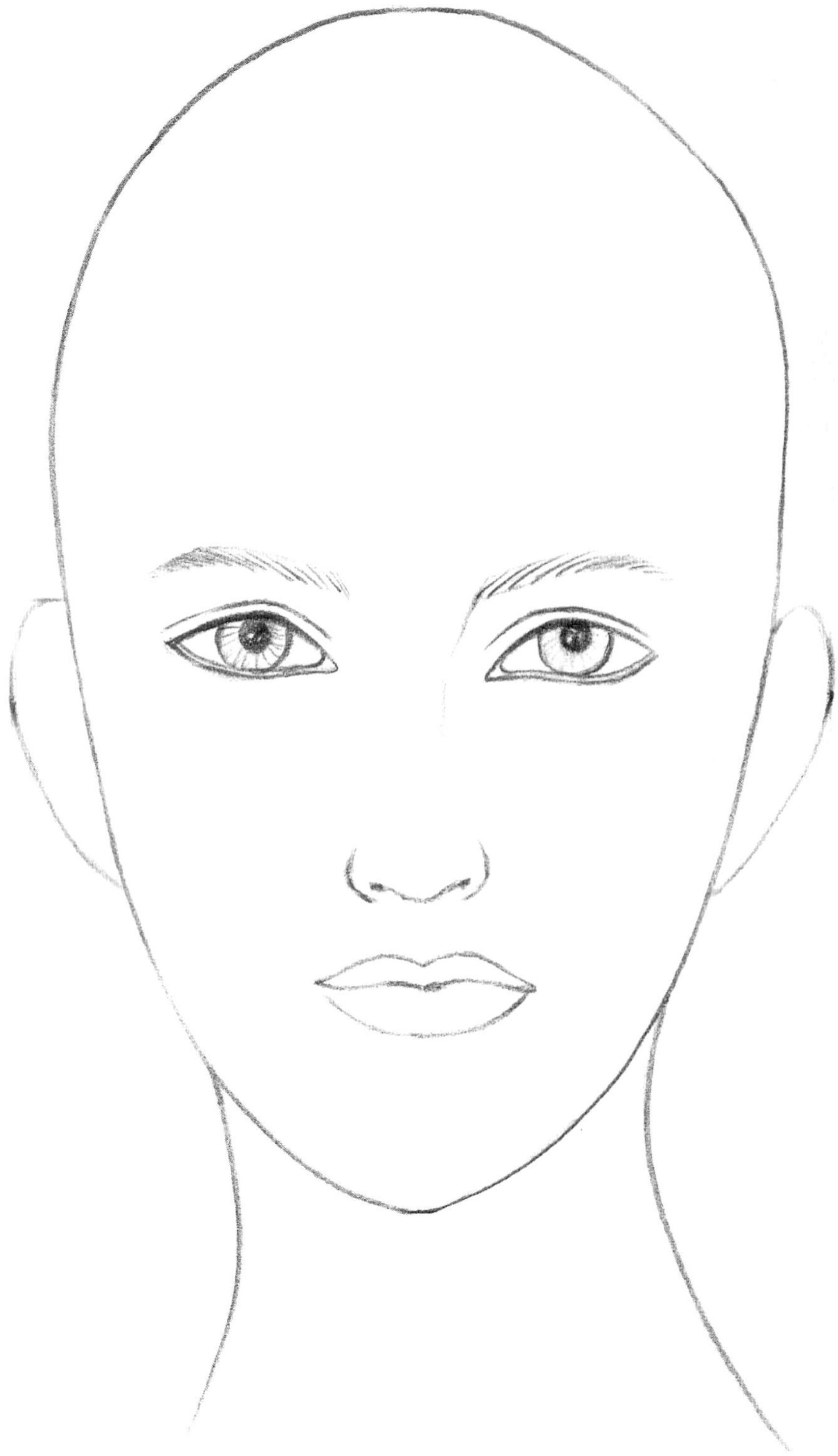

⑧ 가이드 라인인 칸을 지워준다.

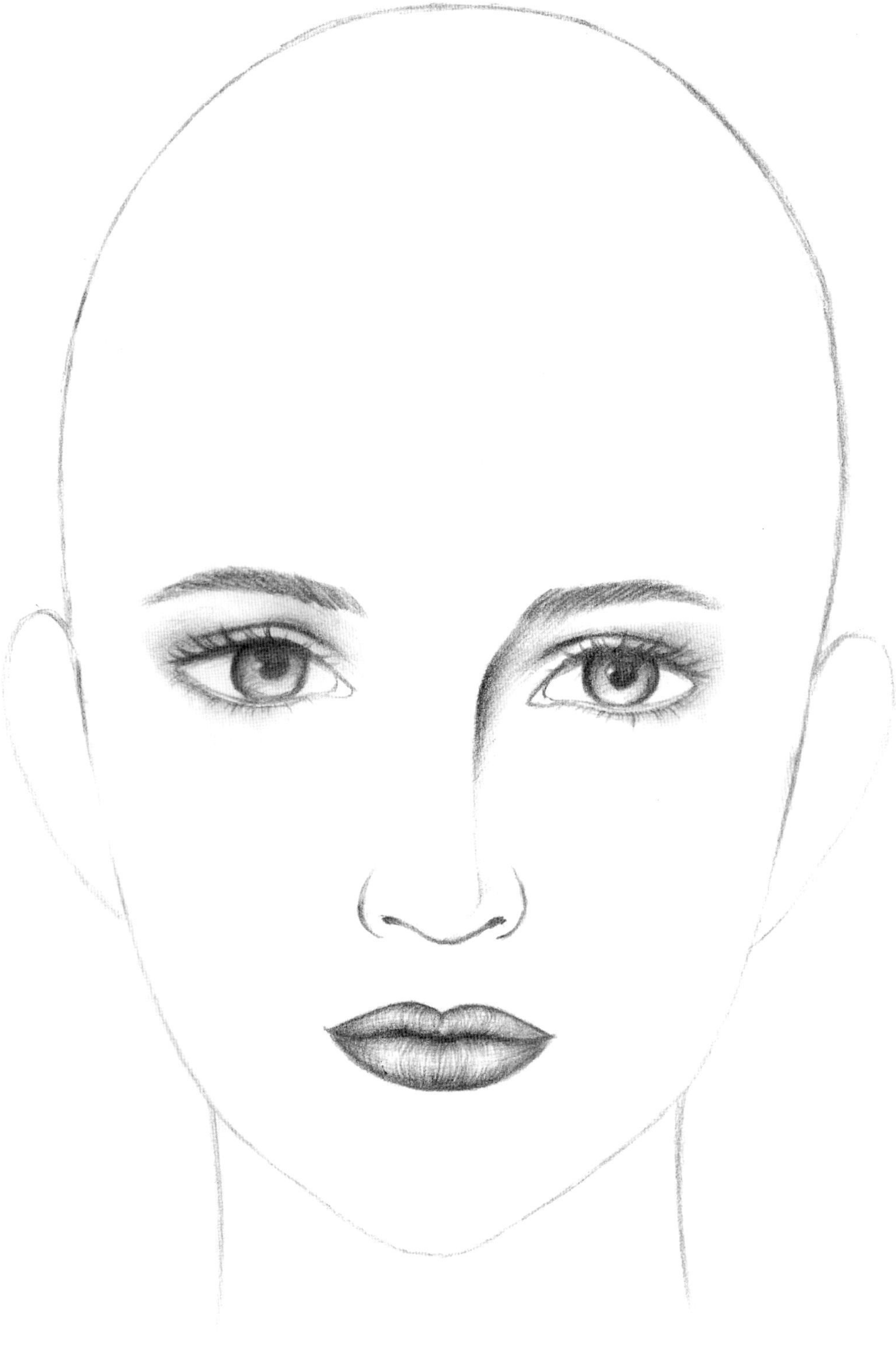

⑨ 그림은 멀리서 보아 어색하지 않으면 잘되었다고 할 수 있다. 명암과 그라데이션에 집중하여 완성한다.

13. 얼굴 그리기 여성(비스듬한 모습)

그림을 그리는 데 있어 정면보다는 얼굴 중심이 중앙을 벗어나므로 어려울 수도 있다. 그러나 정면과 마찬가지로 그리려는 얼굴을 칸에 넣고 표현한다면 쉬운 표현이 가능하다.

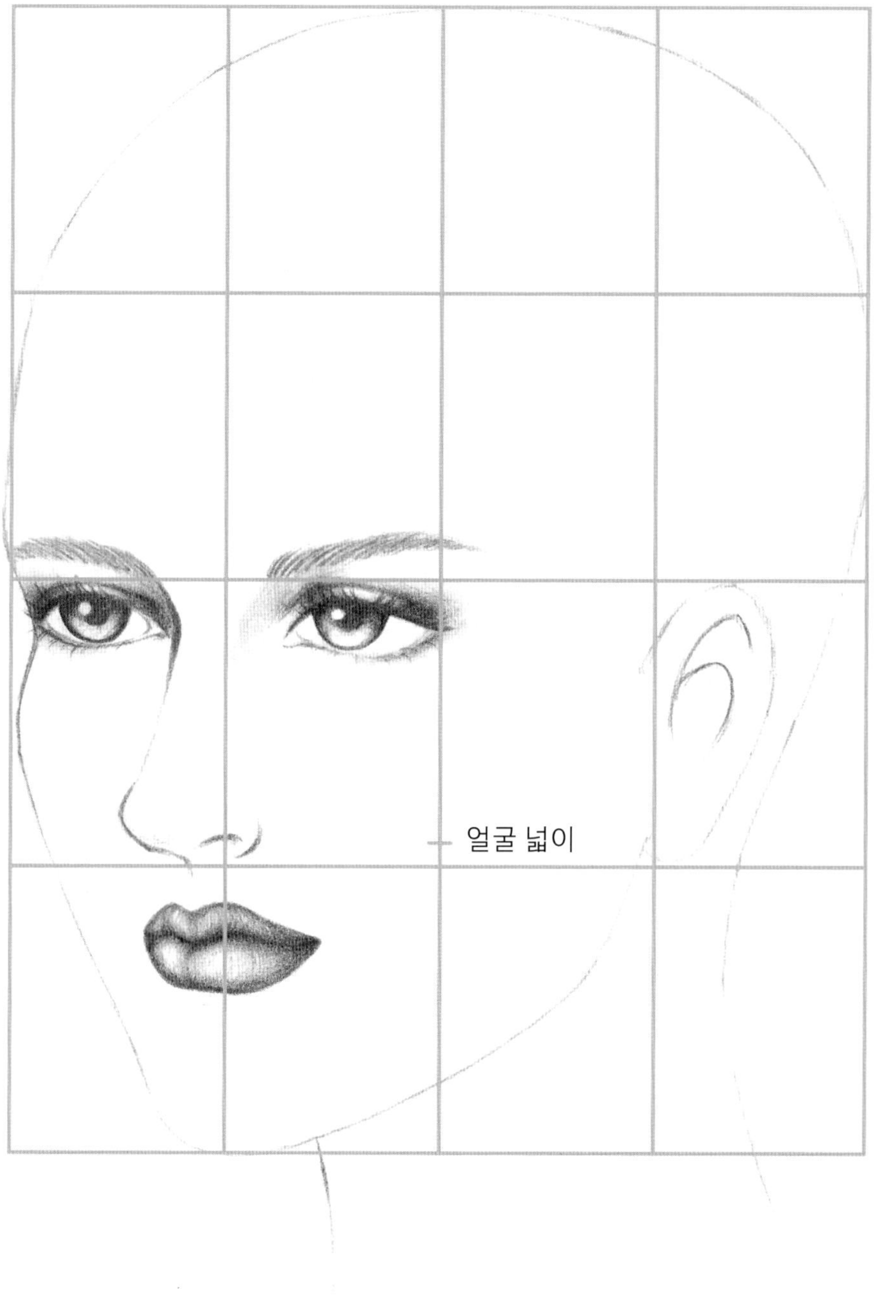

① 모델의 얼굴에 칸을 나누어 준다. 그리고자 하는 그림이 크거나 어려우면 8칸이나 10칸 등 칸을 늘려주어도 무방하다.

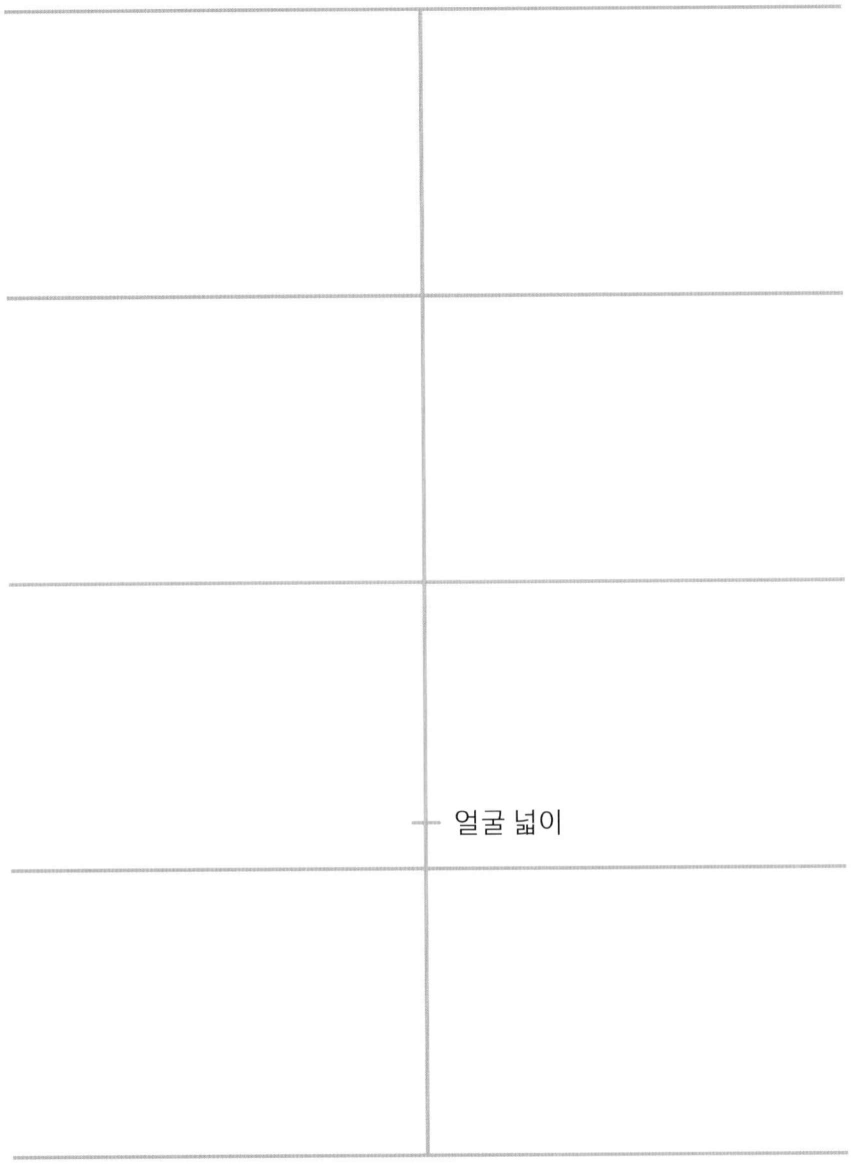

② 모델의 얼굴에서 얼굴 넓이를 찾아 스케치북에 점을 찍는다. 옮기는 방법은 정면 얼굴과 같으나 방법을 익히기 위해서는 몇 번의 반복이 유익하다.

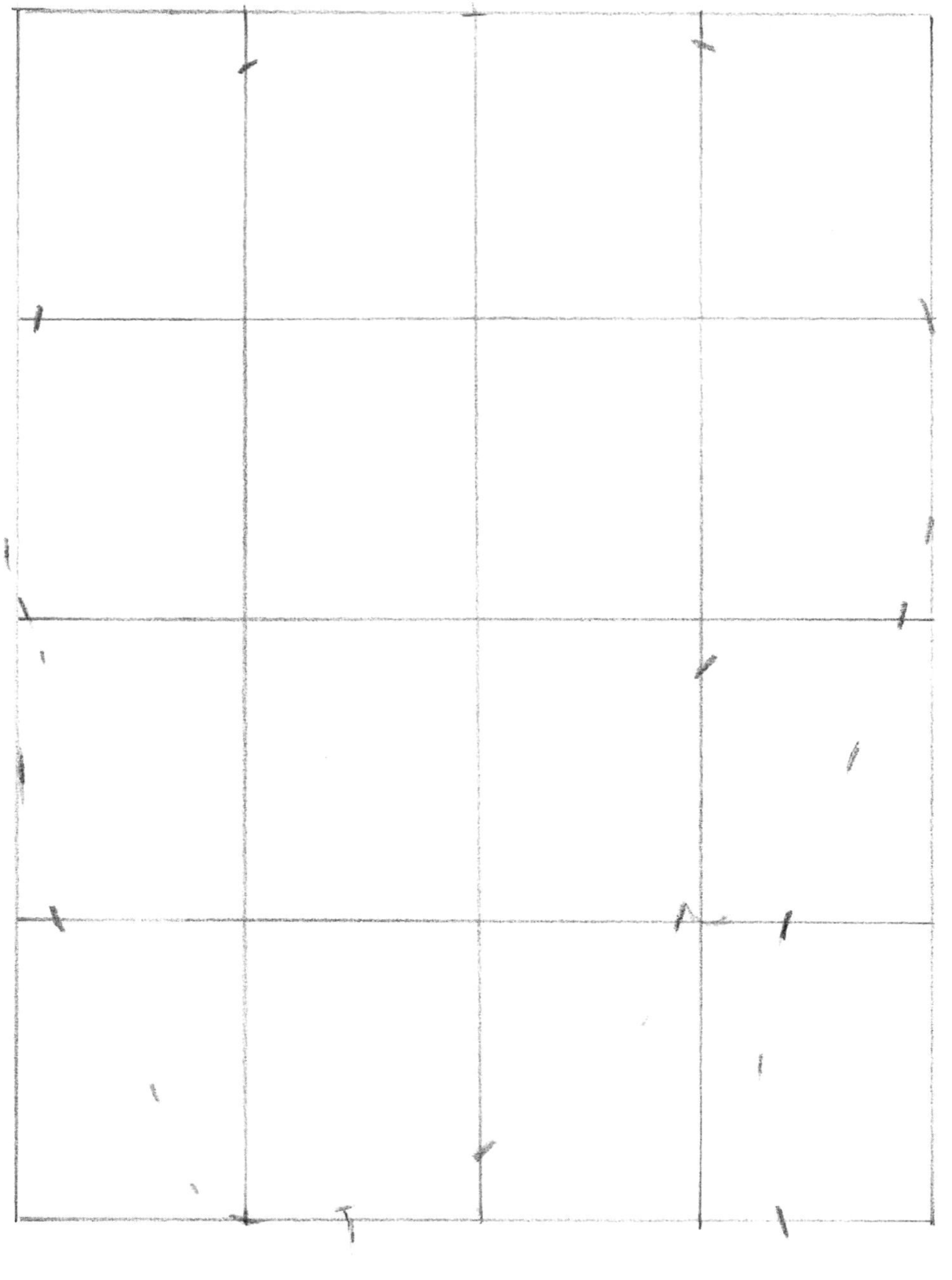

③ 얼굴 넓이를 찾았다면 모델과 같은 개수의 칸을 그어주고 모델을 보고 같은 위치에 점을 찍어 얼굴형을 찾아간다.

④ 표시해 둔 점을 따라 연결하면 얼굴 모양이 정확하게 그려진다. 눈, 코, 입과 귀도 제 위치에 그려주면 된다.

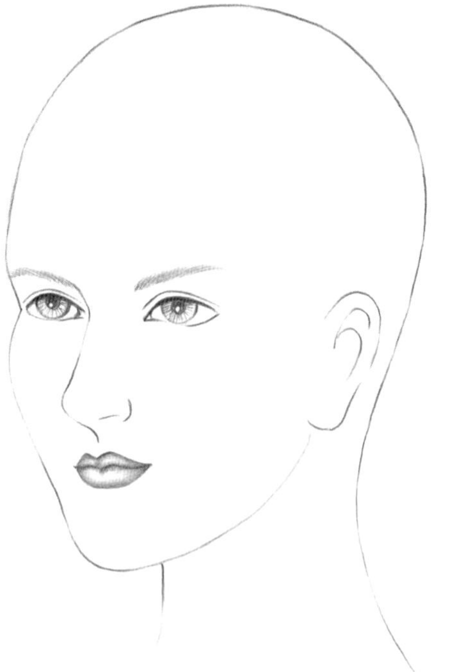

⑤ 가이드 라인인 칸을 지우고 섬세한 부분을 그려나간다. 눈과 코, 입의 위치가 제자리에 와 있는지 균형이 맞는지도 확인한다.

⑥ 그라데이션에 신경을 써 가면서 마무리한다. 눈, 코, 입술의 어두운 부분을 확실하게 표현한다면 생동감 있는 그림을 완성할 수 있다.

14. 얼굴 그리기 여성(옆 모습)

비스듬한 모습보다 그리기가 수월하겠으나 눈썹이나 눈의 각도, 입술의 각도 표현이 틀리기 쉬운 부분이다. 특히 입술의 각도는 윗입술과 아랫 입술을 비교하면서 잘 표현하여야 한다.

14. 얼굴 그리기 여성(옆 모습)

① 그리고자 하는 그림에 칸을 나눈다.

② 스케치북에 길이를 임의로 정하고 그리고 싶은 그림의 칸과 같은 개수의 칸으로 나누어 준다.

③ 모델 사진에서 얼굴 넓이(가로)를 재서 길이에 점을 찍은 후 그 칸 그 지점을 그대로 스케치북에 점을 찍는다. 그 점의 길이가 스케치북의 얼굴 넓이가 된다. 스케치북의 중앙에서 오른쪽으로 1/2, 왼쪽으로 1/2 가서 칸을 그어준 다음 필요없는 칸은 지워버린 후 칸을 나누어 준다.

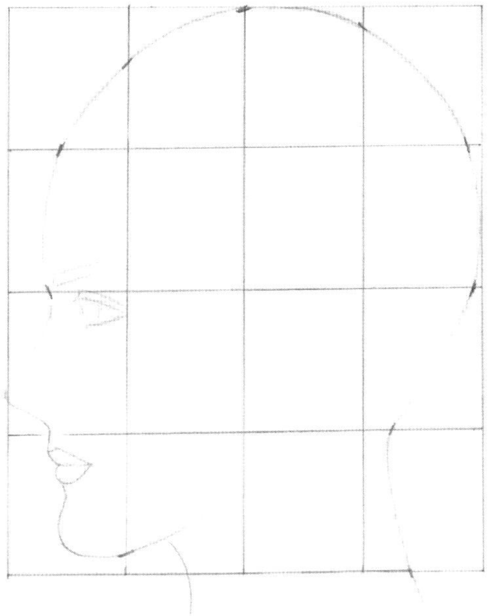

④ 모델의 얼굴을 보고 얼굴 선과 칸의 선이 겹치는 부분에 먼저 점을 찍고 굴려가면서 얼굴형과 눈, 코, 입술을 찾아준다.

⑤ 칸을 지우고 선을 다듬어준 다음 전체적인 균형을 고려하면서 섬세한 부분 표현에 들어간다.

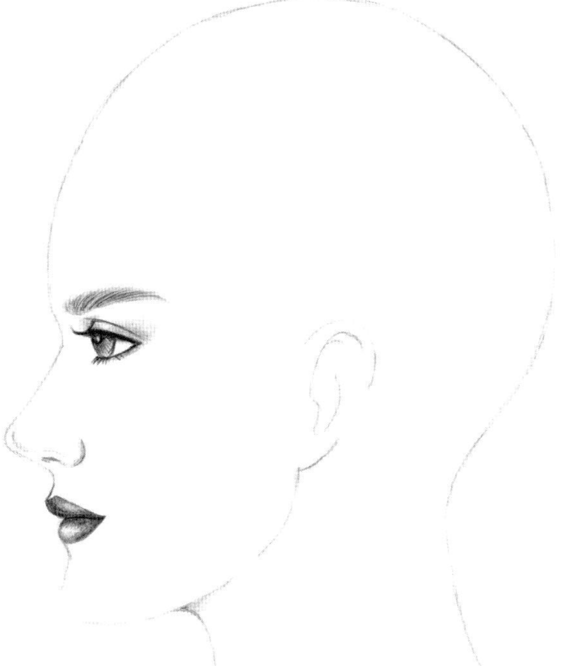

⑥ 눈썹은 한 올 한 올 표현해 주고 특히 속눈썹과 눈의 각도에 주의를 기울이며 입술과 입술 사이는 진하게, 입술 중앙엔 하이라이트를 주면 볼륨감 있는 표현이 된다.

15. 얼굴 그리기 남자(정면)

남자 얼굴을 그리는 방법은 여자 얼굴과 같다. 그러나 여자 얼굴처럼 선이 부드러우면 안 되고, 남자다운 느낌이 느껴지도록 굵고 강한 선을 이용하면 한결 남성다운 표현이 가능해진다. 속눈썹은 그리지 않아야 한다.

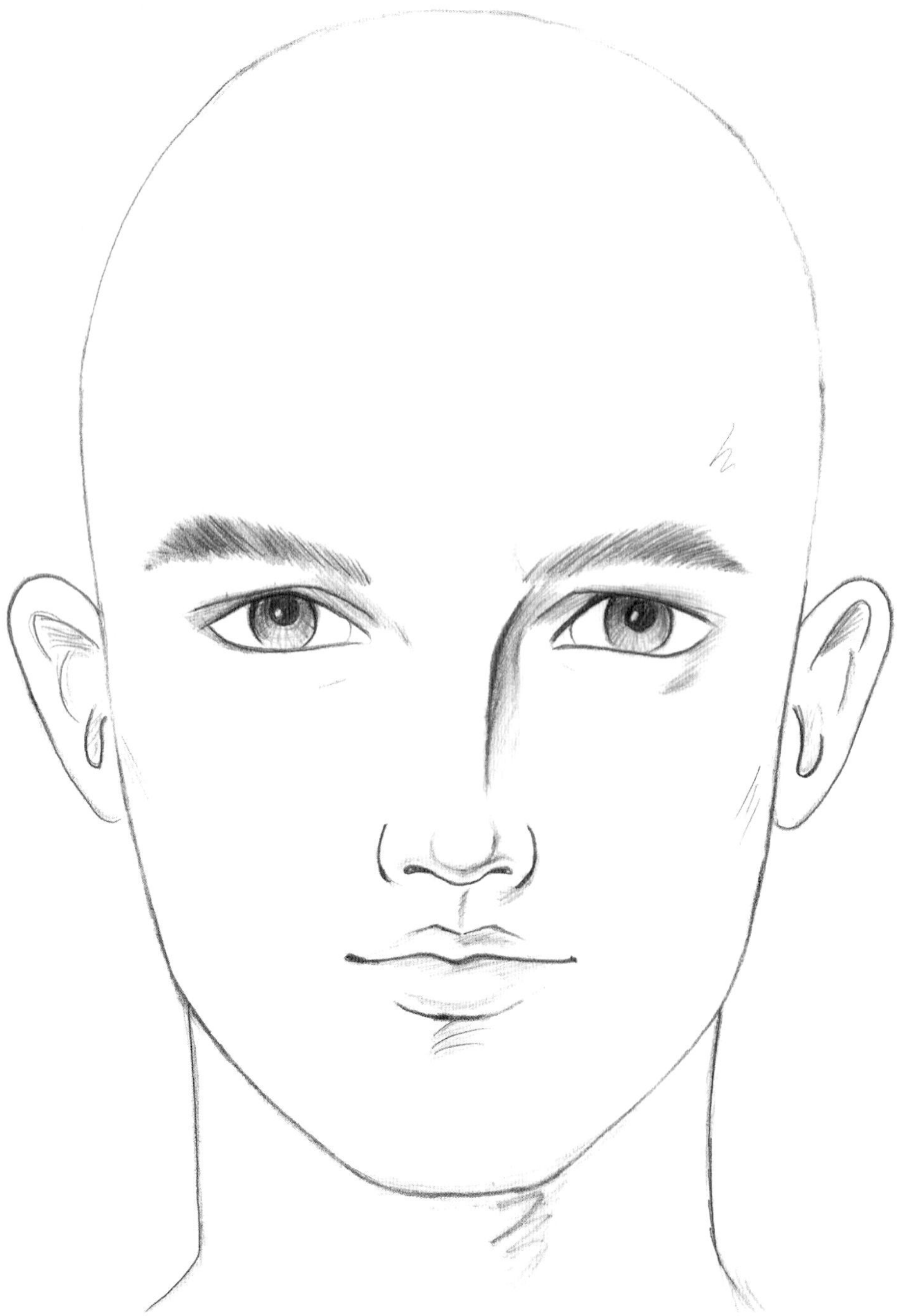

16. 얼굴 그리기 남자(비스듬한 방향)

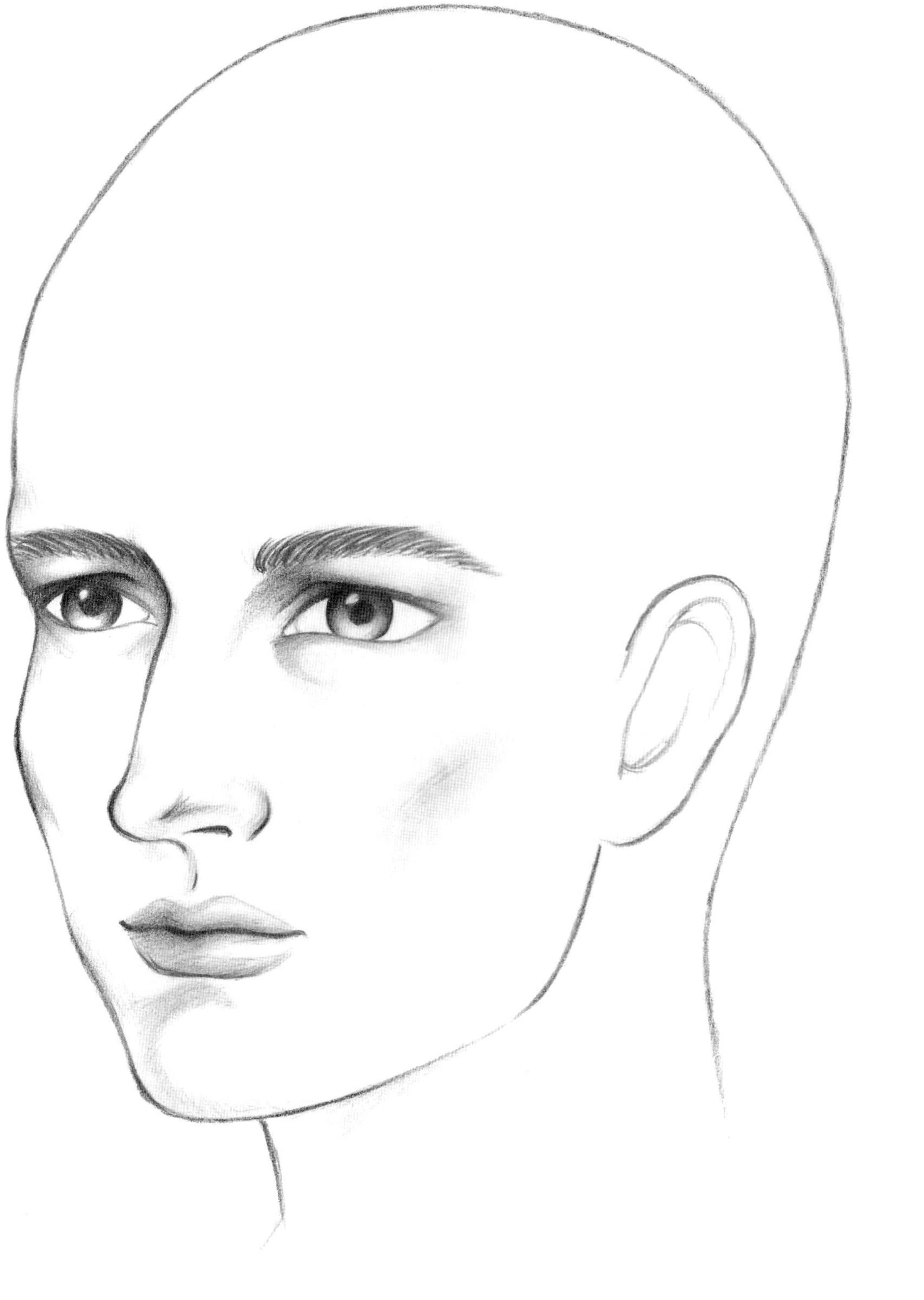

17. 얼굴 그리기 남자(옆 모습)

18. 연필화

연필은 그림을 그리는데 기본이 되는 재료이다. 선의 표현에 중요한 역할을 하며, 선의 빠르기, 힘의 정도, 연필의 종류에 따라 다양한 표현이 가능하기 때문에 사용하기에 편하고 쉬운 재료이기도 하다. 수정이 편리하고 섬세한 표현이 필요한 헤어 표현에 특히 좋다. 그리고 싶은 모델 또는 사진의 흐름을 잡아서 전체적으로 그려 나간다. 그릴 때 사진처럼 그늘을 꼭 그려줄 필요는 없고 눈, 코, 입의 명암과 메이크업만으로 완성해도 된다. 그늘을 잘못 표현하면 지저분하고 효과적이지 못하다. 그림을 그릴 때는 생략을 잘해야 완성도 높은 그림을 그릴 수 있다.

1. 연필의 종류

1) 단단한 열필

2H~H가 이에 속한다. 단단한 연필은 제도용이나 세밀한 정밀화에 쓰이고, 종이는 결이 곱고 튼튼한 켄트지가 적당하다.

2) 중간 굳기

중간 굳기의 연필은 H~B이다. 가장 흔히 쓰이는 연필로써, 단단하지도 않고 아주 무르지도 않아서 특별한 주의 없이 사용할 수 있다.

3) 부드럽고 무른 연필

2B~6B가 이에 속한다. 중간 굳기와 함께 연필화에서 가장 많이 쓰이는 심이 굵고 무른 연필이다. 결이 거친 수채지나 목탄지, 일반 도화지나 켄트지 등에 사용된다. 4B 연필은 데생용으로 많이 쓰이고, 6B는 짧은 시간내에 해야 하는 야외스케치나 크로키 등 다목적으로 사용된다. 심이 부드럽기 때문에 세밀하게 그릴 수 있고 변화가 다양한 선을 쓸 수 있다.

18. 연필화

① 모델을 칸 안에 넣는다. 턱을 중심으로 그리기 편리한 부분을 정하면 된다.

스케치북 중앙

② 스케치북에 길이를 임의로 정하고 책과 같은 칸인 4칸으로 나누어 준 다음 스케치북 중앙을 찾아서 선을 그어 놓는다.

③ 모델의 칸에서 얼굴 넓이를 잰 후 길이에 점을 찍고, 찍힌 칸을 스케치북 같은 칸에 점 찍어 옮긴 후 얼굴 넓이를 알아보고 모델의 칸과 똑같이 4칸을 그어주고 나머지는 지운다.

④ 모델 사진과 같은 칸에 점을 찍고 연결하여 밑그림을 그린다. 특히 머리카락은 방향을 드문드문 표현해두면 실패하지 않는다.

⑤ 가이드 라인을 지워주고 섬세하게 완성해 나간다.

⑥ 전체적인 형태와 명암의 균형을 잘 관리하면서 완성해 나간다. 머리카락을 가늘고, 뾰족한 선을 사용하여 한 올 한 올 섬세하게 표현하여야 뛰어난 완성 효과를 볼 수 있으며, 눈은 아이라이너 부분을 진하게 표현하여 초롱초롱한 눈으로 표현한다.

연필화

캐리커처

연필화

캐리커처

연필화

캐리커처

스케치

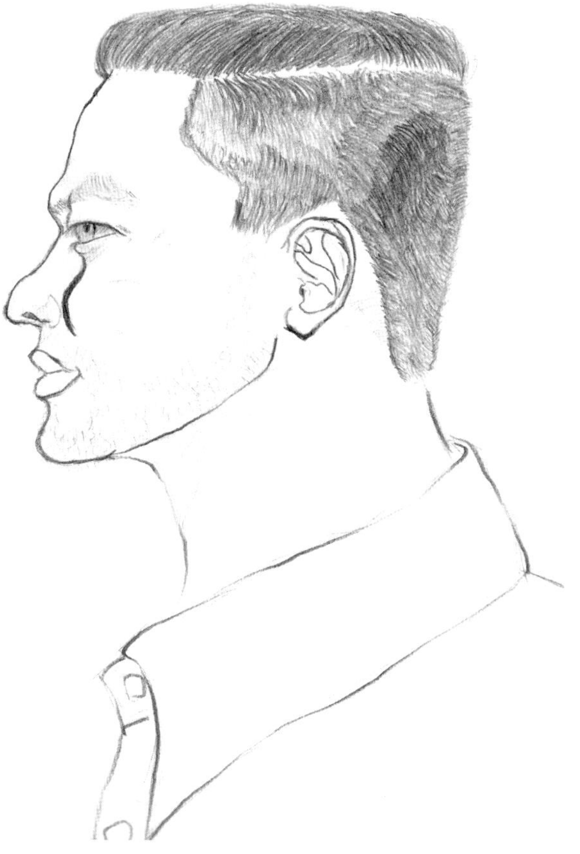

19. 점묘화

사인펜이나 펜을 사용하여 점을 찍어 그리는 그림을 말한다. 연필로 형태를 잡아준 다음 점으로 형태를 옮긴 후 점만을 이용하여 완성해 나간다. 시간이 많이 걸리고 표현에 어려움은 있지만 완성도가 높으며 일러스트레이션으로서 매력있는 기법 중 하나이다.

19. 점묘화

① 연필로 밑그림을 그린다.

② 연필 선 위로 싸인펜을 찍어 입힌 후 잠시 마른 다음 지우개로 지워준다.

③ 촘촘히 채워가면서 완성해 간다. 드문드문 그린 후 사이사이 채워준다.

④ 명암을 잘 살려 가면서 완성한다.

19. 점묘화

20. 누드 크로키

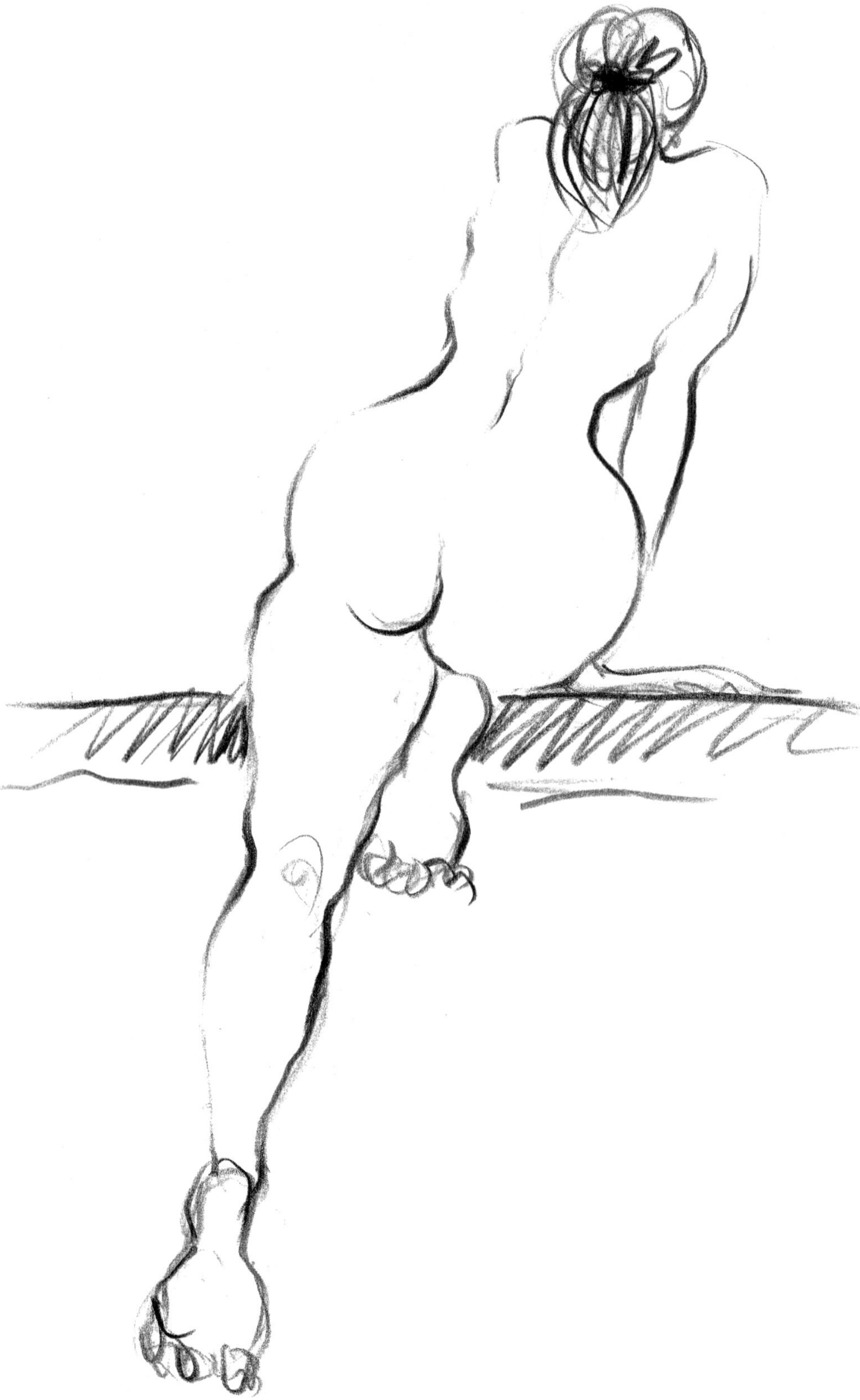

21. 색연필화

색연필화가 독자적인 미술로 등장하기 시작한 것은 18세기 중반부터이다. 색연필은 색연필만으로 어둡고 딱딱한 그림을 재미있고 부드러운 분위기로 만들 수 있으며, 다양하고 섬세하게 나타낼 수 있는 재료이다. 목탄이나 파스텔보다는 단단하고 연필처럼 완전히 지워지지 않으므로 계획있게 그림을 그려 주어야 한다. 색연필은 휴대가 간편하고 섬세한 표현이 가능한 재료로 정밀한 그림을 그릴 때 적합하며 색상이 다양하다. 종류에는 수성과 유성이 있다.

1) 사용법

색연필로 그림을 그릴 때 연필처럼 단조롭지 않고 다양한 색을 사용할 수 있는 즐거움이 있다. 색을 충분히 활용하되 단색을 쓰지 말고 가능한 여러색을 겹쳐서 표현해 보아야 색을 충분히 활용할 수 있는 수업 효과를 얻을 수 있을 것이다.

2) 수성

수성 색연필은 물에 적셔 풀어지게 한 후 수채화처럼 처리가 가능하며, 유성 색연필과 함께 사용하여도 색다른 효과를 볼 수 있다. 사용 방법으로는 건조한 자체로도 사용이 가능하고, 젖은 스펀지를 이용한다든지 손가락에 물을 묻혀 사용해도 되며, 종이를 젖게 한 다음 사용해도 충분한 효과를 볼 수 있다.

① 그리고자 하는 사진에 칸을 그어 나누어준다.

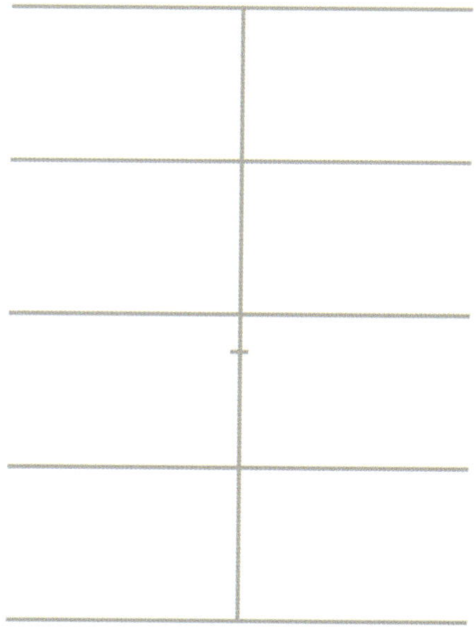

② 본인의 원하는 길이를 정해 모델과 똑같은 개수의 칸을 그어준다.

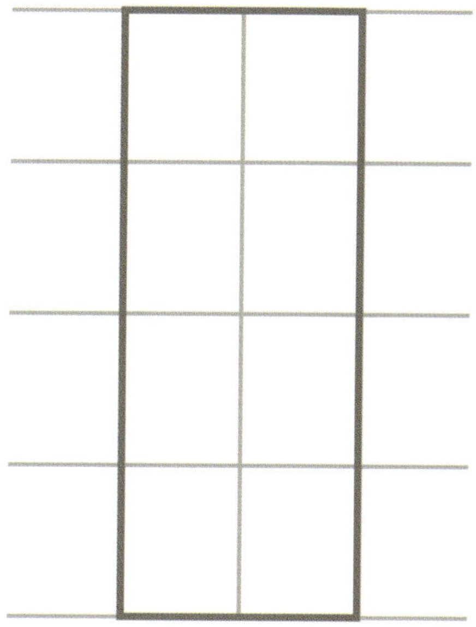

③ 중앙에서 얼굴 넓이를 좌우로 나누어 주면 얼굴을 스케치북 중앙에 그릴 수 있게 된다.

① 모델의 칸과 같은 4칸을 그려준 다음 점을 찍고 이어서 그려나간다.
단, 섬세하게 그리지 말고 연하고 간략하게 그려줌

② 연필 위에 색연필을 덧입혀 그려주고 살살 지워주면 색연필만 남는다.
섬세하게 완성한다.

22. 수채화

23. 파스텔화

24. 고전 머리

조선시대에는 명(明)나라의 수식을 본받아 가체가 높아지고 다투어 꾸미기를 좋아하여 사치 풍조가 극심하였다.

정조(正祖) 때에 다리[月子]값이 금값이 되어 다리 사용을 국법으로 제한하였으나 가체는 여전히 성행했다.

정조 20년 금체령이 실시되고 왕비, 왕세자빈, 세손빈은 적관이 아닌 대수를 하였고 '국혼정'에서 체발의 양은 대폭 감수하였다.

사치 풍속을 없애는데 왕실이 모범을 보이고자 왕비가 솔선수범을 하였다 한다.

1. 어여머리(조선시대)

대례복을 입을 때 하는, 크게 땋아올린 예장용 머리이다. 궁중의 왕비, 공주, 옹주와 지체 높은 지밀 상궁 및 당상관 이상의 반가 부녀자들이 사용할 수 있었으나 영조대에는 어여머리가 주로 외명부의 의식용으로 쓰였는데, 후기 및 조선 말엽에 와서는 큰머리와 어여머리가 구별없이 혼용되었던 것 같다. 또한, 어여머리에는 족두리를 쓰기도 하고, 큰 의식 때는 큰 머리에 화관이나 가체를 쓰기도 했다. 일반인도 잔치와 혼례 때에는 어여머리를 사용할 수 있었다.

어여머리는 가체 일곱 개를 같이 묶어 두 갈래로 땋아 어염족두리 위에 얹고 비녀와 매개댕기로 고정시킨다.

2. 얹은 머리(삼국시대~조선시대)

부녀자들의 대표적인 머리 형태

3. 생앙머리(조선시대)

궁중에서 지밀 · 침방 · 수방(繡房) 소속의 아기 나인[內人]이 생을 맨 머리 모양으로 생머리라고도 한다.

머리털을 두 갈래로 갈라서 땋고, 이것을 각각 2개로 들어올려 뒤통수 밑에 나란히 세워서 묶으면 2개의 이 위에 넓은 자주 댕기를 엉덩이까지 늘어뜨렸다.

25. 서양 머리

고대 이집트는 세계 4대 문명의 발상지 중 하나로 오랜 문명의 역사를 가진 나라이다. 이집트의 미용술은 오늘날에도 쓰이고 있는 미용 기술의 시초가 되고 있으며, 오늘날 유행하는 눈화장과 유사하다.

머리 스타일은 태양열을 피하기 위해 삭발을 하고 통풍이 잘되는 가발을 만들어 사용하였다. 나일강의 알카리 토양과 태양열을 이용하여 웨이브를 만들거나 땋아 내려 금실로 장식하였는데, 그것이 오늘날 웨이브의 시초가 되었다. 메이크업은 강조하는 메이크업이 유행하였다.

로마는 그리스 헬레니즘 사상을 이어받아 육체적 조화로움을 숭상하였다. 흰 피부를 권위의 상징으로 여겨 대부분 희게 가꾸었고, 메이크업 방법은 얼굴, 목, 어깨, 팔까지도 백납분을 발랐다. 남자들도 아름다움을 가꾸는데 소홀하지 않았고 그로 인해 화려한 목욕 문화를 가지게 되었다.

로코코 시대에는 우아하고 여성적인 양식이 유행하여 무분별한 화장은 극에 달해 남녀 모두 화장 전과 후의 모습이 달라 보였다.

헤어 스타일은 남녀 모두 백발이 유행하였고, 가발을 이용한 머리 모양이 한없이 높아져 갔다.

1. 그리스 로마시대

로마시대에는 금발이 유행했다. 금발 머리를 위해 모발을 표백하여 노란꽃을 으깬 물에 머리를 담가 물들였고, 기원 후 1세기에 여인들은 층층이 겹쳐 쌓인 머리 모양을 하였다.

2. 로코코 시대

로코코 시대의 헤어 스타일은 다양한 크기와 형태의 가발을 머리 위에 올려서 사용하였다. 높고 좁은 스타일로 깃털, 과일, 꽃 등을 이용하여 과장된 표현을 하였으며, 머리 장식에 특히 많은 관심을 보인 시대였다.

여성 문화는 주로 살롱을 중심으로 활성화된 시대이기도 하다.

26. 판타지아 메이크업

판타지아 메이크업은 뷰티 메이크업보다 강한 표현을 하는 것으로 나비, 꽃, 문양을 그려 넣거나 여러 가지 형상을 아름답게 이미지화 하여 나타내는 것이다.

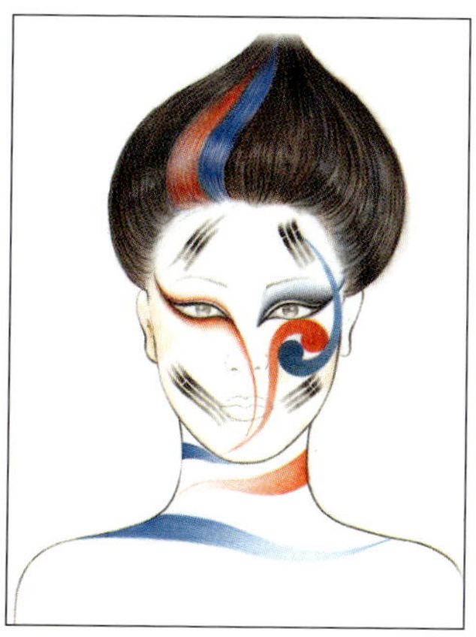

28. Fashion illustration

수채물감 · 싸인펜

마커 · 색연필 · 싸인펜

마커 · 싸인펜

마커 · 싸인펜 · 색연필

색연 · 물감 · 싸인펜 · 잡지 · 마커

29. 캐리커처

PROFILE

임여경

- 중앙대학교 대학원 졸업
- 세계대회 심사위원
- 「월간뷰티패션」 일러스트레이터
- 한국크로키 회원
- 그룹전(세종문화회관, 롯데미술관, 단원 미술관 외 다수)
- 자격시험 심사위원 및 출제위원
- 경원대학교 대학원 의상학과 외래교수
- 한국메이크업 자격검정협회 부회장
- 뷰티일러스트협회 회장

뷰티 일러스트레이션 makeup Beauty

2011년 3월 4일 1판 1쇄 발 행
2016년 3월 23일 1판 3쇄 발 행

지은이 : 임 여 경

펴낸이 : 박 정 태

펴낸곳 : **광 문 각**

10881
파주시 파주출판문화도시 광인사길 161
광문각 B/D 4층
등 록 : 1991. 5. 31 제12-484호
전화(代) : 031) 955-8787
팩 스 : 031) 955-3730
E-mail : kwangmk7@hanmail.net
홈페이지 : www.kwangmoonkag.co.kr

• ISBN : 978-89-7093-726-7 93590

값 20,000원

한국과학기술출판협회회원